KB236249

건강을 부르는
희동이네
쌀 베이킹

Foreign Copyright:
Joonwon Lee
Address: 10, Simhaksan-ro, Seopae-dong, Paju-si, Kyunggi-do,
         Korea
Telephone: 82-2-3142-4151
E-mail: jwlee@cyber.co.kr

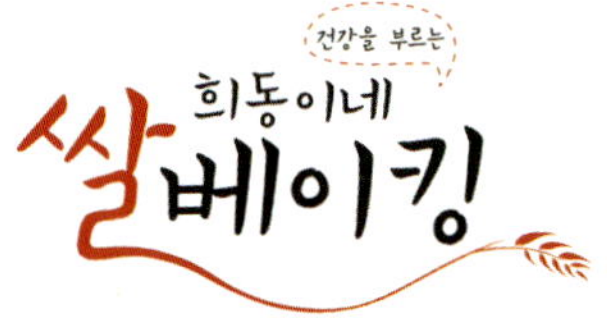

2011. 3. 30. 1판 1쇄 발행
2020. 2. 28. 1판 7쇄 발행

지은이 | 김희성
펴낸이 | 이종춘
펴낸곳 | BM (주)도서출판 성안당
주소 | 04032 서울시 마포구 양화로 127 첨단빌딩 3층(출판기획 R&D 센터)
       10881 경기도 파주시 문발로 112 출판문화정보산업단지(제작 및 물류)
전화 | 02) 3142-0036
       031) 950-6300
팩스 | 031) 955-0510
등록 | 1973. 2. 1. 제406-2005-000046호
출판사 홈페이지 | **www.cyber.co.kr**
ISBN | 978-89-315-8253-6 (13590)
정가 | 18,000원

이 책을 만든 사람들
기획 · 진행 | 최옥현
본문 · 표지 디자인 | 김희정(nonbleed@lycos.co.kr)
홍보 | 김계향
국제부 | 이선민, 조혜란, 김혜숙
마케팅 | 구본철, 차정욱, 나진호, 이동후, 강호묵
제작 | 김유석

Copyright ⓒ 2011~2020 by Sung An Dang, Inc. All rights reserved.
First edition Printed in Korea.

이 책의 어느 부분도 저작권자나 BM (주)도서출판 성안당 발행인의 승인 문서 없이 일부 또는 전부를 사진 복사나
디스크 복사 및 기타 정보 재생 시스템을 비롯하여 현재 알려지거나 향후 발명될 어떤 전기적, 기계적 또는
다른 수단을 통해 복사하거나 재생하거나 이용할 수 없음.

■ **도서 A/S 안내**

성안당에서 발행하는 모든 도서는 저자와 출판사, 그리고 독자가 함께 만들어 나갑니다.
좋은 책을 펴내기 위해 많은 노력을 기울이고 있습니다. 혹시라도 내용상의 오류나 오탈자 등이
발견되면 **"좋은 책은 나라의 보배"**로서 우리 모두가 함께 만들어 간다는 마음으로 연락주시기
바랍니다. 수정 보완하여 더 나은 책이 되도록 최선을 다하겠습니다.
성안당은 늘 독자 여러분들의 소중한 의견을 기다리고 있습니다. 좋은 의견을 보내주시는 분께는
성안당 쇼핑몰의 포인트(3,000포인트)를 적립해 드립니다.
잘못 만들어진 책이나 부록 등이 파손된 경우에는 교환해 드립니다.

쌀 베이킹

김희동 지음

BM 주식회사 도서출판 성안당

Prologue

지금은 없어진 지 꽤 되었지만 동네에 쌀로 만든 쿠키와 빵만을 전문으로 파는 베이커리가 생겼던 적이 있었어요. 호기심에 몇 번 사먹어 보았지만 보드라운 밀가루 빵에 익숙해 있던 제 입맛에 텁텁하고 밍밍한 쌀 빵은 영 아니었던 기억이 나요. 그래서 그 날 이후로 한동안 '쌀 빵은 맛이 없다' 라는 편견을 가지고 있었던 거 같아요. 물론 그 가게는 생긴지 얼마 못 가 금세다른 점포로 바뀌었고요.

밥심 없이는 하루도 살 수 없을 것 같던 우리 한국 사람들도 세월이 지나고 세대가 바뀌면서 점차 서양식 식생활에 익숙해져 가고 있어요. 수입산 밀 소비가 늘어남에 따라 우리의 주식이었던 쌀이 오히려 우리에게 외면을 받아, 결국엔 쌀 소비 촉진 운동까지 벌이게 되었고요. 하지만 다행히도 그런 덕분에 요 몇 년 사이 오로지 밥 해먹고 떡 쪄먹는 정도가 전부였던 쌀가루를 가지고도 밀가루로 만든 것 보다 더 맛있게 쿠키나 빵, 케이크를 만들 수 있게 되었지요.

'쌀 빵은 맛이 없다' 라는 편견을 가지고 있던 저는 떡 만드는 사람이 되고 난 후에야 다시금 쌀베이킹에 관심을 갖게 되었어요. 떡을 만들면서 우리 쌀에 대해 접할 기회가 많아졌고, 각종 세미나나 전시회를 통해 우리 쌀가루가 예전과 많이 달라졌다는 걸 알게 되었거든요. 그리고 의심 반 기대 반으로 늘 만들던 떡이 아닌 빵을 직접 만들어 보았을 때, 밀가루로 만든 것 보다 훨씬 담백하면서도 찰지고 쫄깃한 식감과 씹을수록 고소하고 단맛이 배어 나오는 그 맛은 단번에 저를 쌀베이킹의 매력에 푹 빠지도록 했지요. 아무데서나 쉽게 사먹을 수 있는 것이 아닐 뿐 더러, 떡과는 달리 굽는 동안 솔솔 퍼지는 그 맛있는 향기는 구워 본 사람만이 아는 행복이니까요.

쌀가루로 쿠키를 만들면 쌀이 담고 있는 담백함이 더해져 훨씬 더 고소한 맛이 나고요, 빵을 만들면 쌀의 찰진 성질이 더해져 훨씬 더 촉촉하고 쫄깃쫄깃 하답니다. 여기에 건강한 재료를 더하면 세상에 그보다 좋은 간식도 없을 거에요. 쌀가루로 만들지만 떡과는 또 다른 매력의 쌀 과자와 쌀 빵, 그 맛에 푹 빠져 떡 만드는 일을 하면서도 쌀베이킹을 손에서 놓을 수 없게 되어 버렸네요. 두 마리의 토끼를 모두 잡으려는 제 욕심을 포기할 이유가 없었던 거였죠.

어쩌면 아직까지는 쌀베이킹이 많이 생소할 지도 모르겠어요. 대량으로 생산해 많은 양의 방부제와 함께 건너온 밀가루가 아닌 우리 땅에서 나고 정성껏 길러낸 우리 쌀이니 가격도 그만큼 밀가루보다 조금 더 비싸질 수밖에요. 또 종종 쌀베이킹이 일반 베이킹 레시피에서 밀가루를 쌀가루로만 대체한 것이라고 생각하는 분들도 있더라고요. 실제로는 그렇지 않은데 말이에요. 아마도 쌀베이킹에 대한 정보가 아직 많이 부족했기 때문인 듯싶어요.

쌀베이킹도 같은 베이킹이니 만드는 과정이라던지 재료 면에서야 비슷비슷 하겠지만, 분명 밀가루로 해오던 베이킹과는 작지만 큰 차이가 있답니다. 그래서 일반 베이킹 레시피로 쌀베이킹에 도전했다가 실패하는 분들이 많은 듯해요. 또 그렇게 한번의 실패로 의기소침해 쌀베이킹을 멀리 하게 되었다는 분들의 이야기도 많이 들었고요. 그런 분들에게 실패 없이 쌀베이킹을 도와줄 수 있는 훌륭한 지침서가 되길 바라며 그 동안 모아둔 레시피를 한 권의 책으로 엮었답니다.

실제로 지난 5월. 삼청동에 카페를 오픈 한 후로 하루 종일 쌀가루와 붙어 살며 매일 떡과 쌀로 만든 빵, 쿠키로 끼니를 때울 때가 많지만 살이 찌긴커녕 오히려 몸무게는 많이 줄었고요, 몸이 가벼워지니 맘도 더 가볍고 감기 한번 걸리지 않고 더 건강해졌답니다. 항상 배탈과 소화불량을 꼬리처럼 달고 살던 저였는데 말이죠. 맛있게 먹으면서 즐겁고 건강하게 사는 일, 그것이 진정 우리가 원하는 웰빙 라이프가 아닐까 싶어요.

『희동이네 떡방앗간』 이후 두 번째 책 작업이어서 보다 수월할 것 만 같았는데, 보다 나은 책을 위한 더 큰 욕심으로 시간도 오래 걸리고, 그래서인지 괜스레 더 힘들고 벅차게 느껴졌던 것 같아요. 하지만 보다 많은 사람들이 우리 쌀을 이용한 베이킹에 더 큰 관심을 갖게 되기를 바라며, 나아가 그런 작은 관심들이 모여 우리의 쌀 가공 산업도 한층 더 발전할 수 있게 되기를 바라는 큰 바람을 가지고 레시피 하나하나 정성껏 작업했답니다. 『희동이네 떡방앗간』과 『희동이네 쌀베이킹』 책 두 권만으로 제가 잡은 떡과 쌀베이킹, 이 두 마리의 토끼를 여러분도 모두 잡으실 수 있도록 말이에요.

끝으로 일에 치이고 시간에 치여 원고 작업이 늦어지는데도 오히려 항상 응원해 주시고 예쁜 책으로 엮어 주신 성안당 식구분들께 가장 먼저 감사 인사를 드리고요, 존재만으로도 큰 힘이 되는 소중한 엄마, 언제나 SOS를 외치면 바로 달려와 뚝딱뚝딱 해결해 주시는 김 맥가이버 멋쟁이 우리 아부지, 친한 친구보다 더 가까운 내 동생 윤성이, 감사한 인연이 되어준 또 다른 가족 미정씨와 콩냥이, 마지막으로 곁에서 늘 관심 있게 지켜봐 주시고 응원 아끼지 않아 주시는 많은 이웃분들께 달콤한 마음을 가득 담아 감사 인사를 전합니다.

2011년 2월
김희동

contents

PART 02

쿠키

PART 03

찜케이크, 스콘, 브라우니

PART 04

빵

PART 06

브런치,
디저트, 잼

쌀베이킹 재료에 대해서 알아보아요

01 쌀가루

쌀베이킹을 위해서는 밀가루가 아닌 쌀가루를 사용해야 하는데, 방앗간에서 빻아서 쓰는 쌀가루가 아닌 쌀베이킹 전용으로 가공된 쌀가루여야 한답니다. 떡을 만들던 쌀가루로 쿠키나 빵을 구우면 딱딱한 누룽지 같은 느낌으로 만들어지거든요.

쌀베이킹용 쌀가루로 가장 많이 사용하는 것이 박력쌀가루와 강력쌀가루예요.

박력쌀가루는 쌀을 밀가루처럼 곱게 빻아 만든 쌀 100% 제품으로 식감이 부드럽고 가벼운 쿠키, 케이크를 굽는 데 사용하고요, 강력쌀가루는 쌀가루에 부족한 글루텐과 발효를 돕는 당류, 비타민을 첨가시켜 만든 것으로 발효 빵을 만들 때 주로 사용한답니다.

가끔은 찹쌀가루를 이용해 쌀베이킹의 또다른 매력을 느껴보는 것도 좋고요.

레시피에 흑미가루를 조금씩 더해 영양까지 업그레이드 해보세요.

① 버터

베이킹을 했을 때 부드럽고 풍부한 식감을 더해주고 구웠을 때 향을 좋게 하는 역할을 해요. 동물성 지방이라는 이유로 꺼려하는 사람들이 많지만 무조건 피하기 보다는 신선하고 품질 좋은 버터를 사용해 보세요. 자칫 무거운 느낌이 날 수 있는 쌀베이킹에 풍미를 더하고, 보다 고급스러운 느낌의 쿠키나 케이크, 빵을 만들 수 있답니다.

단, 버터를 고를 때에는 주의해야 해요. 가격이 저렴한 식물성 마가린이나 쇼트닝이 아닌 100% 순수한 버터를 사용하는 것이 좋아요.

마가린은 '식물성 지방'이라고 강조하고 있지만, 실제론 인공적으로 만들어진 기름으로 제조시 유화제 뿐만 아니라 버터와 비슷한 맛을 내기 위해 여러가지 향료와 착색료가 더해진 것이기 때문이예요.

또 한가지, 버터에는 소금이 들어간 가염버터와 소금이 함유되어 있지 않은 무염버터가 있는데 베이킹에서는 무염버터를 주로 사용해요.

② 식물성 기름

버터를 대신해 포도씨유나 카놀라유, 올리브유 등을 이용하는 베이킹이 인기를 끌고 있어요. 버터를 사용하는 것 보다 풍미나 식감이 떨어질 수는 있지만, 오히려 담백한 맛을 내주기 때문에 저도 가끔 애용하고 있지요. 또 저만의 베이킹 비법으로 참기름을 사용하기도 해요. 참기름의 향이 더해져 고소한 맛이 정말 일품이랍니다.

③ 생크림

생크림은 크게 동물성과 식물성으로 나눌 수가 있어요. 맛과 건강을 생각한다면 동물성 생크림이 월등히 좋지만 보존 기간이 짧다는 단점이 있고요, 휘핑크림 또는 토핑크림이라 불리우는 식물성 생크림은 식물성 유지를 원심분리해서 만드는데 작업성이 좋아 초보자들도 쉽게 사용할 수 있어요. 저는 주로 덴마크 생크림과 서울우유 생크림을 사용한답니다.

④ 크림치즈

약간 새콤한 맛이 특징인 치즈로, 빵에 그냥 발라먹어도 맛있지만 치즈케이크나 타르트, 크림을 만들 때 사용하기도 해요.

⑤ 우유

우유의 종류는 날이 갈수록 다양해 지고 있지만, 베이킹을 할 때에는 저지방이나 가공 우유가 아닌 원유 100% 우유만을 사용해야 해요.

⑥ 슬라이스치즈

노란 빛깔을 띄는 치즈로 시중에서 쉽게 볼 수 있는 치즈예요. 우유와 함께 녹여 사용하거나 작게 잘라 사용하기도 해요.

⑦ 연유

우유를 진공 상태에서 농축시킨 제품으로 단맛이 강해요. 수분이 많이 필요하지 않으면서 진한 우유 맛을 낼 때 사용해요.

⑧ 달걀

달걀은 중간 크기의 달걀(무게 약 55g정도)을 사용하는 것이 좋아요. 베이킹을 하기 전에 반드시 미리 실온에 꺼내 두었다가 차갑지 않은 상태로 사용해야 해요.

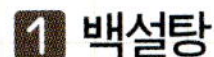

1 백설탕

우리가 흔히 알고 있는 것처럼 단맛을 내는 역할을 하지요. 하지만 그것뿐 아니라 오래 보존할 수 있게 하며 윤기도 더해주고, 잘 부풀어 오를 수 있도록 도와주기도 해요. 때문에 무조건 설탕량을 줄이면 맛도 떨어지지만, 모양도 예쁘게 나오지 않고 실패할 확률이 높아진다는 사실! 하나라도 맛있게 먹고 운동을 통해 건강을 지켜보도록 해요.

2 유기농 설탕

무농약, 무화학 비료로 키운 사탕수수에서 추출한 설탕으로 백설탕처럼 정제 과정을 거치지 않았기 때문에 비타민과 무기질도 함께 들어 있고 자연스러운 색을 띠고 있어요. 알이 굵은 것은 케이크를 만들 때 위에 솔솔 뿌리고 구우면 바삭한 식감을 낼 수 있고, 알이 작은 것은 반죽할 때 백설탕 대신 사용하면 단맛이 강하지 않아 훨씬 부드러운 맛을 낸답니다.

3 흑설탕

백설탕과 달리 입자가 굵고 진한 갈색을 띠는 것으로 특유의 캐러멜 향과 색을 내고 싶을 때 사용해요.

4 꿀

설탕보다도 단맛이 진해 소량으로도 충분히 단맛을 낼 수 있어요. 비타민과 미네랄이 들어 있어 건강에도 좋지요. 하지만 반죽에 꿀을 더하면 축축하고 무거워질 수 있기 때문에 무조건 설탕을 꿀로 대체하는 건 좋지 않아요. 베이킹을 할 때보다는 양갱을 만들 때 주로 사용해요.

5 조청, 물엿

꿀이 없을 때 대신 사용하면 좋은데, 인공적으로 특정 당류만 추출해 만든 것보단 가능하면 전통 방식으로 만든 조청을 사용하는 것이 좋아요.

6 슈거파우더

전분이 더해진 설탕으로, 쿠키에 더하면 더 바삭한 맛을 낼 수 있고요, 케이크 위에 장식으로 뿌리면 눈이 내린 듯한 느낌이 들기도 하지요. 집에서 만들 때에는 설탕과 전분을 9:1 비율로 곱게 갈아 사용해도 돼요.

7 소금

모든 요리에 간을 맞추는 것이 중요하듯이 쌀베이킹에서도 간이 맞아야 해요. 소량이지만 꼭 들어가야 맛이 난답니다.
특히 빵을 만들 때에는 이스트의 활동으로 빵이 지나치게 부푸는 것을 막아주는 역할을 하기도 해요.

1 바닐라오일

바닐라의 독특한 향은 쌀가루 특유의 냄새나 달걀의 잡
냄새를 없애주는 역할을 해요. 바닐라빈이나 오일, 엣센
스, 익스트랙, 가루 등 다양한 형태로 구입할 수 있지만
가열을 해도 쉽게 향이 날아가지 않고 가격이 저렴한 바
닐라오일을 가장 많이 사용해요.

2 레몬즙

주로 잼을 만들 때 신맛과 향긋한 향을 더해주기 위해
사용해요.

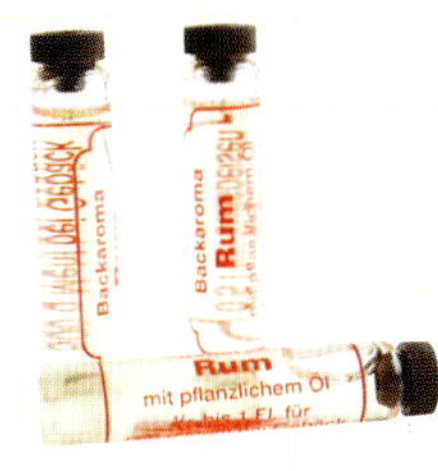

3 럼주, 럼향

당밀이나 사탕수수의 즙을 발효시켜 증류한 럼주는 건
조 과일을 재우거나 크림을 만들 때 주로 사용해요.
알콜 성분이 없는 럼향으로 대신해도 좋아요.

4 베이킹파우더

팽창제로 사용되는 베이킹파우더는 이산화탄소를 발생시
켜 쿠키나 케이크의 반죽을 부풀게 해요. 적정량 이상 사
용하면 쓴맛이 날 수 있으니 주의해야 해요. 통에 들은 제
품은 조금 비싸긴 해도 쓴맛이 없고 전체적으로 균일하게
부풀어 오르며 알루미늄 성분이 포함되어 있지 않아 자주
사용해요.

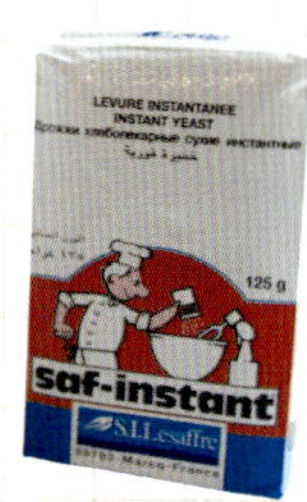

5 인스턴트 드라이이스트

이스트는 미생물의 효모균으로 25~35℃의 온도와 수분, 영양 등 적당한 환경을 만들어 주면 빵 반죽을 부풀게 하지요. 생이스트보다 인스턴트 드라이이스트를 사용하면 보다 편리하게 실패 없이 빵을 만들 수 있어요.
개봉 후에는 공기 중의 산소와 수분이 흡수되지 않도록 밀폐용기에 담아 냉장고에 보관하면 오래 사용할 수 있어요.

6 전분

케이크류에 더하면 가벼운 맛을 낼 수 있어요.

7 탈지분유

빵을 만들 때 더해주면 발효를 도와주기 때문에 훨씬 더 부드럽고 촉촉한 빵으로 만들 수 있어요.

8 파슬리가루

피자치즈를 사용하는 레시피에 더해주면 향을 풍부하게 해줄 뿐 아니라 훨씬 더 먹음직스러워 보이게 해준답니다.

1 아몬드가루

쿠키나 케이크에 고소한 맛을 더해주는 재료로 쌀가루와 함께 체에 내려 사용해요. 사용하고 남은 것은 쩐내가 나지 않도록 반드시 밀폐용기에 담아 냉동보관 해요.

2 콩가루

고소한 맛을 내어주는 재료로 날 것이 아닌 볶아진 것으로 구입해 사용해야 해요.

3 계피가루(시나몬가루)

특유의 향을 내주는 재료로 단맛과 함께 어우러지면 더 맛있어 진답니다.

4 녹차가루

차를 타먹는 가루가 아닌 요리용 녹차가루를 사용해야 색과 맛을 더 진하게 낼 수 있어요.

5 코코아가루

베이킹에는 단맛이 첨가되지 않은 100% 무가당 코코아가루를 사용해야 해요. 조금 비싸더라도 질 좋은 코코아가루를 써야 쓴맛이 없고 맛과 색을 더 진하게 만들 수 있어요.

6 흑임자가루

볶은 검정깨를 곱게 빻아 만든 가루예요. 고소하고 영양도 풍부해 쌀베이킹에 잘 어울려요.

1 건과류 : 건포도 / 건크랜베리 / 건블루베리

요즘엔 건포도 말고도 크랜베리, 블루베리, 살구, 자두 등 다양한 건과류들을 구할 수 있어요.

반죽에 더하면 씹는 맛도 더 좋아지고 영양도 보충해 준답니다.

2 견과류 : 호두 / 피칸 / 아몬드 / 피스타치오 / 마카다미아 / 호박씨 / 참깨

견과류는 고소한 풍미와 씹는 식감을 살려 줄 뿐 아니라 필수 지방산과 비타민 E와 같은 영양소가 들어있어 건강에도 좋아요. 초록색이 선명한 피스타치오는 잘게 다져 장식용으로도 종종 사용되고요, 쓴맛이 덜한 피칸이나 마카다미아는 아이들도 잘 먹는답니다.

3 통조림밤과 팥배기

치자로 색을 내어 설탕에 졸여 만든 통조림밤과 팥알이 그대로 살아있는 팥배기는 맛과 영양을 동시에 충족시켜 주기 때문에 한국인들이 특히 좋아하는 재료들인데요, 다만 오븐에서 잘못 구워내면 딱딱해질 수 있기 때문에 주의해야 한답니다.

1 코인(버튼)형 커버춰초콜릿

제과용 초콜릿으로 사용하는 커버춰 초콜릿은 흔히 먹는 시판 초콜릿을 만들기 전 단계의 초콜릿으로 카카오버터 31% 이상, 카카오 고형분 2.5% 이상, 그리고 당분이 함유되어 있는 순수한 초콜릿입니다.

다크와 밀크, 화이트 세 종류가 있으며 카카오버터의 함유량에 따라 초콜릿의 맛과 품질이 나누어 지는데 저렴한 초콜릿일수록 카카오버터 대신 식물성 유지를 많이 사용하고 있어요. 베이킹에 사용할 때에는 블럭 형태의 초콜릿보다 코인형을 사용하면 자를 필요 없이 그대로 녹여 쓸 수 있어 간편해요.

커버춰초콜릿으로 초콜릿을 만들 경우에는 꼭 온도 조절 작업(템퍼링)을 거쳐야 한다는 것도 기억해 두세요.

2 코팅 초콜릿

커버춰초콜릿을 가공할 때 반드시 거쳐야 하는 템퍼링작업을 생략할 수 있도록 가공된 초콜릿이예요.

맛은 조금 떨어지지만 초콜릿을 녹여 장식하는 경우에 종종 사용한답니다.

3 초콜릿칩

쿠키나 케이크를 구울 때 반죽에 더해 구워내면 좋아요. 삼각뿔 모양의 칩을 흔히 사용하는데, 크기가 큰 청크 초코칩으로 쿠키를 구워내면 한결 더 먹음직스러워 보이지요.

01 조리기구

1 스테인리스 볼

재료를 섞거나 휘핑할 때 사용해요. 재료를 섞을 때는 넓은 볼을, 생크림을 휘핑할 때에는 깊은 볼을 사용하면 좋지요.

크기별로 여러 개 갖추어 놓으면 더욱 편리하게 사용할 수 있어요.

2 체

쌀가루는 반드시 사용하기 전에 체에 내려 사용해야 해요. 덩어리를 풀고 이물질을 걸러내 주며, 여러 종류의 가루를 한데 섞어 주기도 하지요. 크기가 작은 체는 슈거파우더나 코코아가루 등을 뿌려 장식할 때에 사용해요.

3 거품기

재료를 섞거나 휘핑할 때 사용해요. 크기가 큰 것과 작은 것 2개 정도 있으면 좋아요.

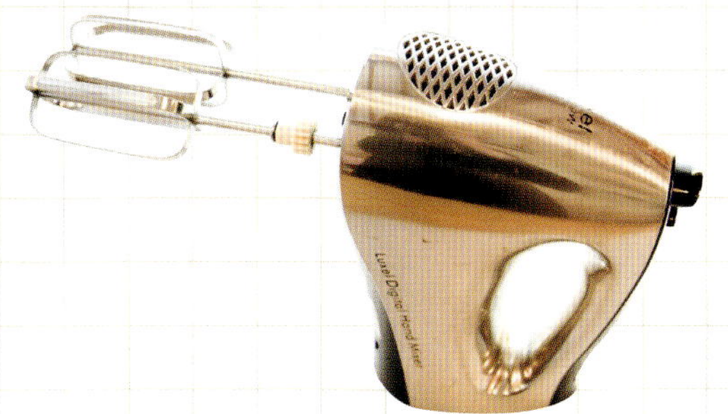

4 핸드믹서

전기를 이용하는 자동 거품기로 시간과 힘이 덜 들어 하나쯤 있으면 베이킹이 훨씬 쉬워진답니다.

5 키친에이드 믹서

대량의 반죽을 할 때에는 편리하지만, 가정에서는 굳이 없어도 되어요.

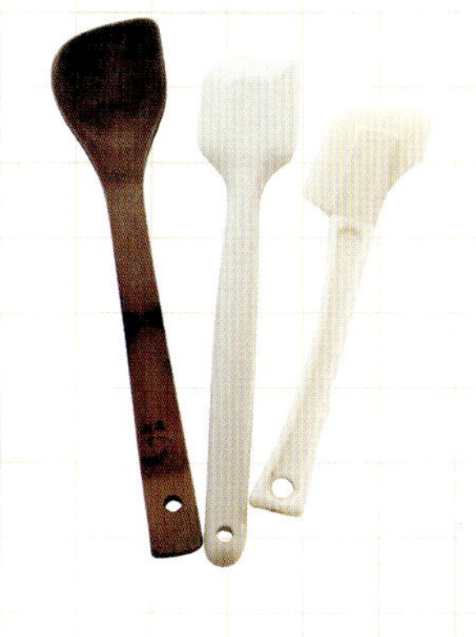

6 나무 주걱, 알뜰 주걱

재료를 섞거나 반죽할 때, 반죽을 깨끗이 긁어낼 때, 잼을 끓일 때 사용해요. 이왕이면 내열성이 있는 실리콘 주걱으로 구입하는 것이 좋아요.

7 나무 찜기

찜케이크를 만들 때 사용해요.

1 타르트틀

타르트를 구울 때 사용하는 틀로 가장자리에 골이 져 있어요. 밑판이 분리되는 걸로 사용해야 편리해요.

2 마들렌틀

마들렌을 구울 때 사용하는 틀로 길쭉한 조개와 통통한 조개 두 가지 모양이 있어요.

3 머핀틀

머핀을 구울 때 사용하는 틀이예요. 머핀컵을 한 장씩 끼워 넣고 반죽을 부어 구워내면 되요.
1회용 머핀틀을 사용하면 선물할 때 좋구요, 틀이 없을 때 은박컵을 이용해 구워내도 괜찮아요.

4 식빵틀

식빵을 구울 수 있는 틀로 뚜껑이 있어 정사각형의 샌드위치 식빵으로 구워지는 것과, 뚜껑이 없어 올록볼록한 산 모양으로 구워지는 것 두 가지가 있어요. 제가 사용하는 틀은 뚜껑이 없는 옥수수식빵틀이예요.

5 원형틀

둥근 케이크를 구울 때 사용하는 틀이예요. 기본적으로 한 개 정도는 가지고 있으면 좋은데, 너무 큰 것 보다는 1호나 2호 정도가 가장 유용하게 쓸 수 있어요. 바닥이 분리되는 틀이면 더 좋아요.

★ 1호 = 지름 15cm, 2호 = 지름 18cm

6 사각틀

네모난 케이크를 구울 때 사용하는 틀이예요.

★ 1호 = 지름 14 * 14 * 4.5cm, 2호 = 지름 17 * 17 * 4.5cm

7 쿠키팬

데프론시트나 유산지를 깔고 쿠키를 구워내는 팬이예요.
오븐을 사면 기본적으로 들어 있는 경우가 많아요.

8 1회용틀

크기나 종류에 따라 파운드, 머핀 등을 구울 수 있어요.
선물할 때 좋아요.

9 와플팬

와플을 구울 때 사용하는 팬이예요. 전기를 사용하지 않
고 가스렌지로 바로 구워낼 수 있어 편리하지만, 불 조절
을 잘해야 타지 않고 고루 익힐 수 있어요.

10 데프론시트

팬 위에 쿠키를 구울 때는 들러붙지 않도록 유산지를 깔
아 주어야 하는데, 한 번 쓰고 버려야 하는 유산지와 달리
여러 번 씻어 재사용할 수 있어요.
유산지보다 두꺼워 쿠키가 잘 타지 않도록 도와주며 코팅
이 되어 있어 늘러붙는 것도 방지해준답니다.

03 계량기구

1 저울

베이킹을 할 때에는 정확한 무게를 계량하는 것부터가 중요해요. 아날로그 눈금 저울과 디지털 저울 두 가지가 있는데, 디지털 제품을 이용해야 보다 정확하게 계량할 수 있어요.

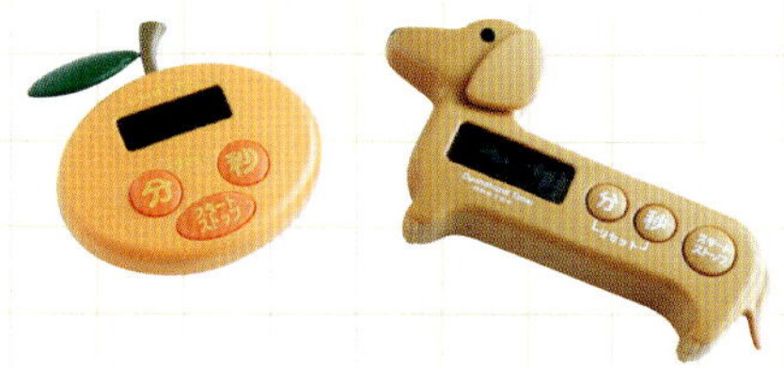

2 타이머

굽는 시간을 정확히 체크할 수 있도록 도와준답니다.

3 계량컵, 계량스푼

소량의 재료를 정확하게 계량할 수 있는 도구로, 재료를 수북히 담았다가 평편하게 깎아 계량해요.

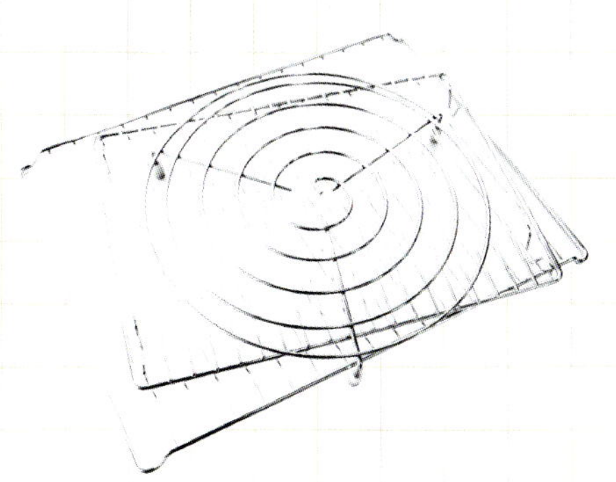

4 식힘망

구워져 나온 쿠키나 케이크는 반드시 식힘망 위에서 식혀야 눅눅해지거나 모양이 일그러지지 않아요.

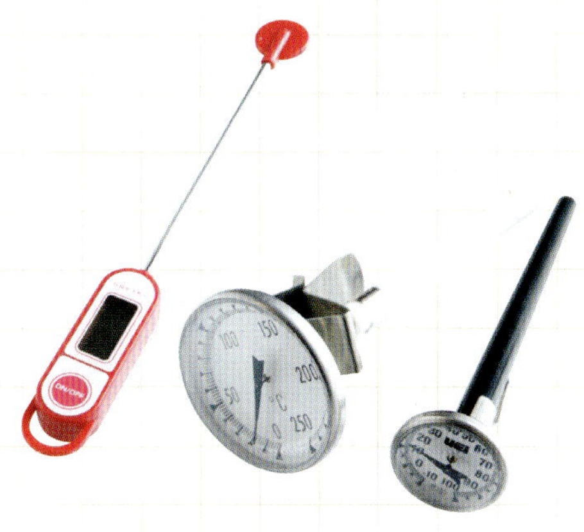

5 온도계

초콜릿을 템퍼링할 때 온도를 측정하기 위해 사용해요.

6 아이스크림 스쿱

쿠키를 구울 때 일정하게 반죽을 떠서 구울 수 있도록 도와준답니다.

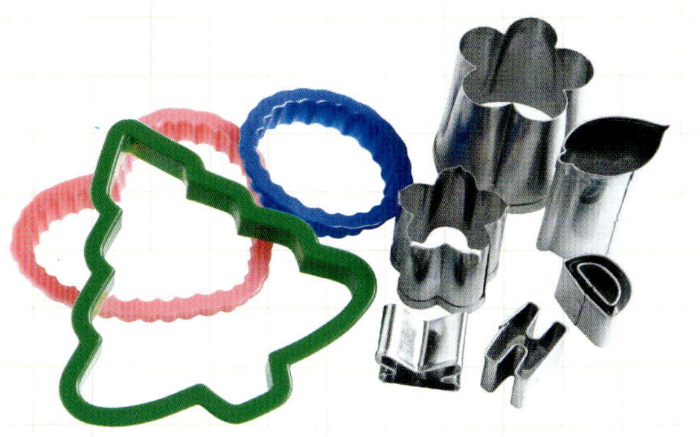

7 쿠키 커터

쿠키를 구울 때 밀대로 반죽을 밀어 모양틀로 찍어내 구워내면 훨씬 더 예쁜 쿠키로 구울 수 있어요.
사용 후에는 부드러운 솔로 세척하고 오븐의 잔열로 바싹 말려 보관해야 녹슬지 않고 오랫동안 사용할 수 있어요.

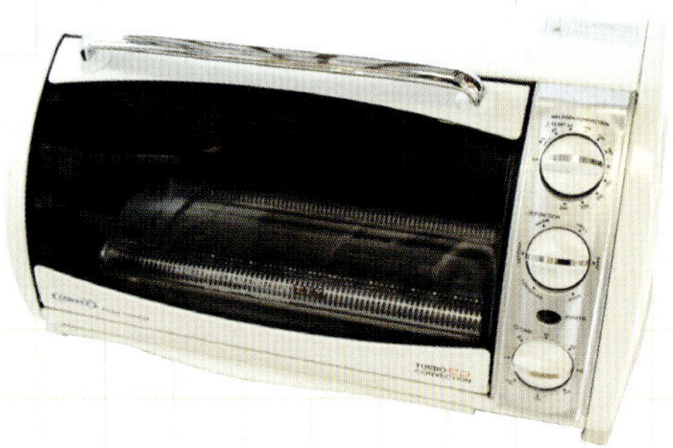

1 오븐

오븐은 열원에 따라 가스오븐과 전기오븐, 데크오븐, 가정에서 많이 사용하는 컨벡션 오븐으로 나눌 수 있어요.
저는 크기가 크지 않고 저렴한 가격에 편리하게 사용할 수 있는 컨벡션을 주로 사용하고 있는데, 오븐마다 온도나 성능이 차이가 날 수 있으니 레시피 대로 구워본 후 굽는 온도와 시간은 적절히 조절해가며 사용하는 것이 좋아요.

2 푸드 프로세서

쿠키 반죽을 만들 때나 재료를 갈아서 사용할 때 유용하게 쓰여요.

3 제빵기

재료만 넣어주면 자동으로 빵을 만들어 주는 기계예요. 발효 빵을 만들 때에 반죽 기능을 이용하면 편리하게 빵을 만들 수 있어요.

1 밀대

반죽을 넓게 펼 때 사용해요. 나무로 된 것 보다는 실리콘 재질로 된 것이 편리하게 사용할 수 있어요.

2 스패튤러

길이가 긴 것은 케이크를 옮기거나 크림을 바를 때, 길이가 짧은 것은 컵케이크에 프로스팅을 바를 때 사용해요.

3 붓

달걀물을 바르거나 광택제를 바를 때 사용해요.

4 스크래퍼

틀에 부은 반죽의 표면을 고르게 하거나 빵 반죽을 분할할 때, 작업대에 늘어붙은 반죽이나 쌀가루를 긁어낼 때에도 편리하게 사용되요.

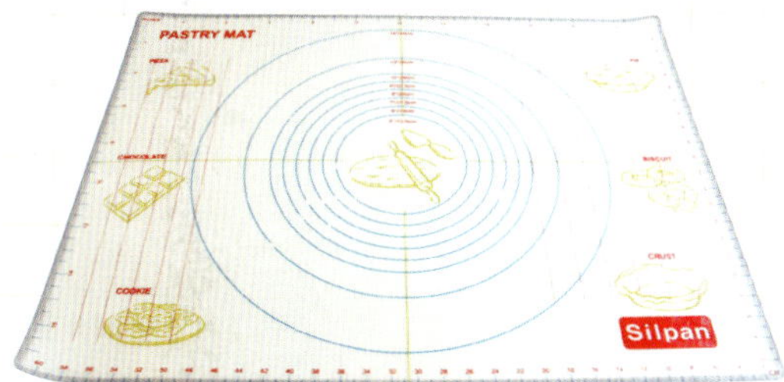

5 실리콘 작업판

반죽이 잘 들러붙지 않고 세척이 용이한 데다 눈금자가 표시되어 있어 하나쯤 두고 사용하면 좋아요.

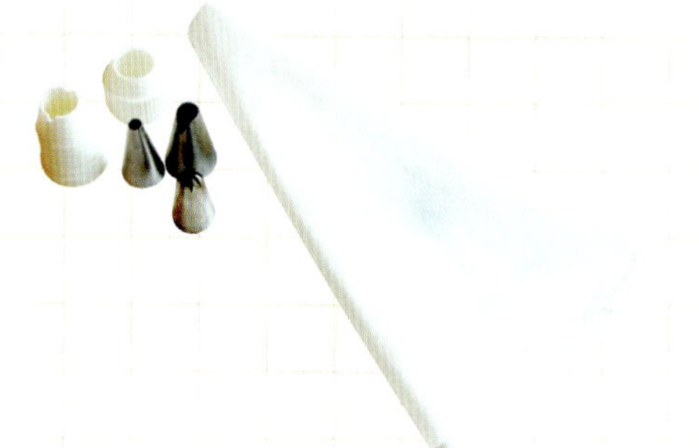

6 짤주머니와 모양깍지

짤주머니에 모양깍지를 끼우고 생크림이나 커스터드 크림 등을 짜낼 때 사용하는데, 깍지에 따라 다른 모양으로 장식할 수 있어요.
짤주머니는 여러번 씻어 사용하는 나일론 제품과 일회용 비닐 제품이 있어요.

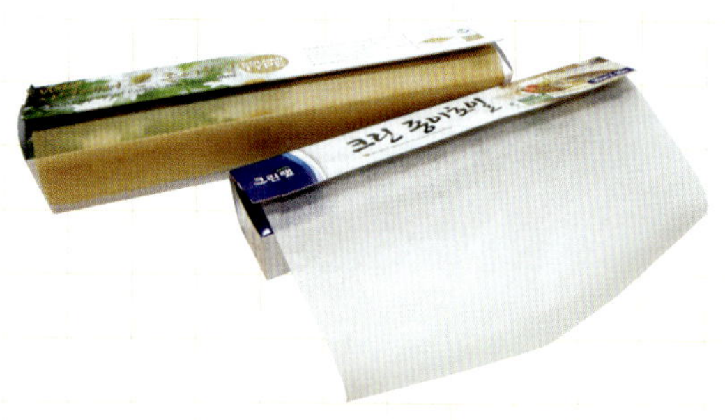

7 종이호일

쿠키를 구울 때 팬 위에 깔거나 케이크 틀에 반죽을 붓기 전에 먼저 깔아 두어야 구운 다음에 쉽게 꺼내 떼어낼 수 있어요. 갈색, 흰색 아무거나 사용해도 괜찮아요.

● 쌀베이킹 재료

♥ 대두식품 ▶ shop.idaedoo.co.kr

쌀베이킹 전용 쌀가루를 제조하고 직접 판매하는 곳이예요.

1kg, 3kg, 15kg 등으로 용량별로 나누어 판매하고 있으니 필요한 만큼 구입해 쓰면 되요.

♥ 베이킹스쿨 ▶ www.bakingschool.co.kr

베이킹 전문 쇼핑몰로 쌀가루 뿐 아니라 베이킹에 필요한 다양한 재료와 도구를 모두 구입할 수 있는 곳이예요.

회원들끼리 서로의 레시피를 활발히 공유하고 있어 더 좋답니다.

♥ 유어디시 ▶ www.urdish.com

대량으로 구입해야 하는 단점이 있지만, 가격은 다른 곳에 비해 저렴하고 배송도 빨라요.

많이 쓰는 재료는 한 번에 구입해두면 비용을 절약할 수 있지요.

♥ 쌀농부 ▶ www.ssalnongbu.com

여러가지 곡물 가루들을 구입할 수 있는 곳이예요. 소량씩 다양하게 구입할 수 있어 좋지요.

가끔은 직접 수확한 채소도 같이 넣어 보내주시기도 한답니다.

● 포장재료

♥ 새로 포장 ▶ www.saeropack.co.kr

직접 제작하는 종류가 많아 다른 곳에서 흔히 볼 수 없는 아이템들이 많은 곳이예요.

오프라인 매장도 직접 운영하고 있어요.

♥ 포장 119 ▶ www.package119.com

국내 제품은 물론, 예쁘고 다양한 수입 제품들도 많이 갖추고 있어요.

도매로 구매하면 저렴하지만 수량이 부담 될 때에는 따로 운영하고 있는 소매 사이트에서 소량씩도 구매가 가능해요.

♥ 서흥 E & Pack ▶ sh-eshop.co.kr

여러가지 포장재료들을 모두 갖추고 있지만 특히 예쁜 리본들을 구입할 수 있어 좋아요.

♥ 오하꼬 ▶ www.ohaco.co.kr

직접 디자인한 예쁜 포장 상자를 세트로 편리하게 구입할 수 있어요. 특별한 기술이 없어도 근사한 포장이 가능하답니다.

PART
01

쌀베이킹
시작하기

자, 쌀베이킹을 시작해 봐요!
쌀베이킹은 밀가루 대신 쌀가루를 사용하는 만큼
어려울 거라 지레 겁먹기 쉬운데요,
여기서 소개하는 6가지 기본 작업만 확실히 익혀놓으면
전혀 어렵지 않아요.

케이크 시트 만들기

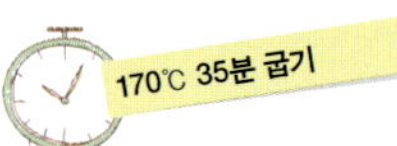

원형틀 2호 1개 분량

- 달걀 3개
- 설탕 50g
- 소금 1g
- 바닐라오일 1/2작은술
- 박력쌀가루 90g
- 버터 20g
- 생크림 15g

1. 볼에 달걀을 풀고 설탕을 3번에 나누어 더해가며 핸드믹서로 휘핑해 주세요.

2. 소금과 바닐라오일을 차례로 더해가며 뽀얀 거품이 일어날 때까지 휘핑해야 해요.

3. 여기에 박력쌀가루를 체에 내려 더해요.

4. 거품이 꺼지지 않도록 주걱을 아래에서 위로 쓸어 올리며 섞어요.

5. 버터와 생크림을 전자렌지에 살짝 돌려 녹여요.

6. ❹의 반죽을 한 주걱 떠서 섞은 뒤, 다시 ❹의 반죽에 넣고 살살 섞어요.

7. 유산지를 깔아둔 틀에 반죽을 담고 틀째로 톡톡 쳐서 불필요한 기포를 제거해 170℃로 예열해 둔 오븐에서 35분간 구워내요.

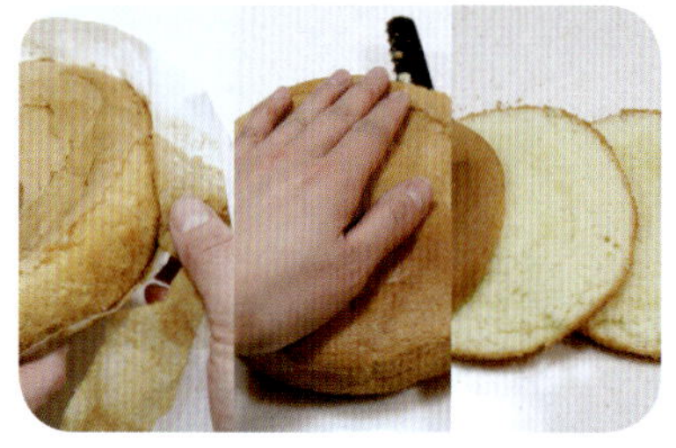

8. 구워낸 시트는 완전히 식은 후에 조심스럽게 유산지를 벗겨내고, 빵칼을 이용해 수평으로 3등분으로 잘라 사용하면 되어요.

가정에서 컨벡션 오븐으로 구울 때에는 윗면만 먼저 탈 수가 있어요. 20분 정도 구워주다가 호일을 위에 덮어 마저 구워주면 속까지 고루 익을 수 있도록 도와줄 거예요.

□ 강력쌀가루 350g　　□ 드라이이스트 6g　　□ 버터 35g
□ 설탕 30g　　　　　　□ 달걀 1개
□ 소금 7g　　　　　　　□ 우유 160g

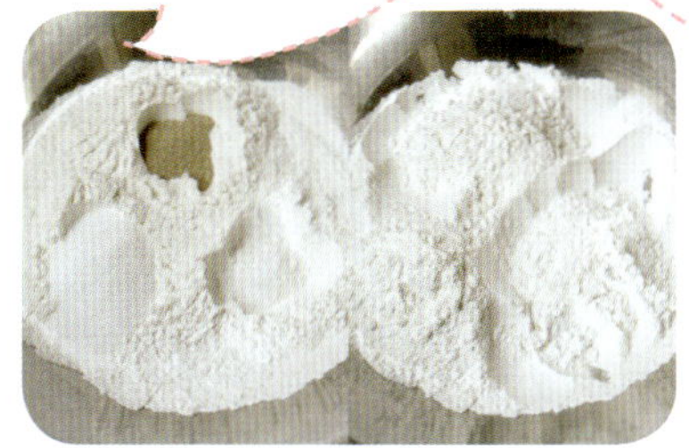

1. 볼에 체에 내린 강력쌀가루를 담고 홈을 3개 파서 각각 설탕, 소금, 드라이이스트를 담고 각각의 구멍을 주변의 쌀가루로 덮어요.

2. 달걀과 우유 섞은 것을 1/3씩 나누어 부어가며 주걱으로 대강 섞다가 손으로 반죽해 주세요.

3. 반죽이 한 덩어리가 되면 실온에 두어 말랑해진 버터를 더해 반죽해요.

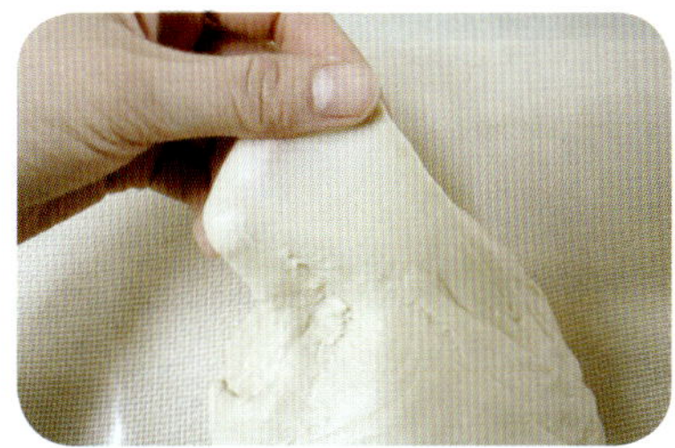

4. 반죽에 어느 정도 찰기가 생기면 작업대 위로 꺼내어 밀고 치대기를 반복해요. 손에 묻어나지 않고 표면이 매끈해질 때까지 15~20분 정도 반죽해요.

5. 반죽이 윤기가 나면서 말랑말랑한 느낌이 나고, 손으로 반죽을 얇게 늘렸을 때, 찢어지지 않으면 잘된 것이예요.

6. 반죽은 랩을 씌워 실온에서 20분간 중간발효 해주고, 다시 반죽을 치대어 공기를 제거한 뒤 둥글려 따뜻한 곳(30~40℃)에서 40~50분간 두어 크기가 2배로 부풀 때까지 발효시켜주면 돼요.

♥ 쉽게 반죽하기

제빵기를 이용하면 힘들이지 않고서도 쉽게 반죽을 할 수가 있어요.
'달걀 - 강력쌀가루, 설탕, 소금, 드라이이스트(홈을 파서 각각의 재료를 담고 쌀가루로 구멍 덮기) - 우유' 순으로 재료를 넣고
'반죽'기능으로 5~10분간 반죽해 주다가 한 덩어리가 되면 실온의 버터를 넣고 더해 마저 반죽해 주세요.
반죽 코스가 끝나면 다시 한 번 더 반죽 코스를 작동시켜 반죽해요. 반죽이 충분히 되어야 발효가 잘되요.

타르트 시트 만들기

 **원형틀 2호 1개 또는 12cm 틀 2개, 미니타르트틀 8개 분량**

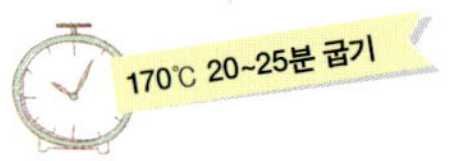

- ☐ 버터 50g
- ☐ 슈거파우더 40g
- ☐ 달걀 노른자 1개
- ☐ 바닐라엣센스 1/4작은술
- ☐ 박력쌀가루 120g
- ☐ 아몬드가루 20g
- ☐ 소금 1/4작은술
- ☐ 우유 1/2~1큰술
- ☐ 타르트돌 적당량

1. 실온의 버터를 거품기로 풀어 크림처럼 만들어요.

2. 체에 내린 슈거파우더를 체에 내려 더해 계속 섞어 주세요.

3. 미리 풀어둔 실온의 달걀 노른자와 바닐라엣센스도 함께 넣어 섞어요.

4. 여기에 박력쌀가루와 아몬드가루, 소금을 체에 내려 섞고 주걱이나 스크래퍼로 자르듯이 섞어 반죽해 부슬부슬한 소보로 상태가 되도록 섞어요.
소보로 상태가 되면 손을 이용해 반죽이 한 덩어리가 되도록 뭉쳐주세요.

5. 한 덩어리로 뭉친 반죽은 비닐팩에 넣어 마르지 않도록 한 뒤 냉장고에 넣어 최소 1시간~하루 정도 휴지시켜요.

6. 휴지한 반죽은 밀대를 이용해 3mm 두께로 틀보다 조금 더 크게 밀어요.

푸드 프로세서가 있다면 반죽하기가 훨씬 간편해 진답니다.

① 실온의 달걀 노른자와 바닐라엣센스를 미리 풀어두고요.

② 푸드프로세서에 체에 내려둔 가루류를 넣고 차가운 버터를 깍뚝썰기해 더해요.

③ 푸드프로세서를 짧게 끊어가며 돌려 반죽이 소보로 형태가 되도록 해요.

④ ❶에서 미리 풀어놓은 달걀 노른자를 더해 한 번 더 푸드프로세서를 돌려 한 덩어리가 되면 꺼내어 손으로 마져 반죽해 주면 돼요.

7. 반죽을 밀대에 말아 감아서 반죽이 찢어지지 않도록 주의하며 타르트틀로 옮겨요.

8. 옆면에 반죽이 넉넉히 들어가도록 살짝 집어넣으며 반죽을 틀에 밀착시켜요.

9. 여분의 반죽은 밀대로 굴려 잘라내고, 옆면과 바닥면이 맞닿는 부분까지 잘 밀착되도록 엄지와 검지로 꼼꼼히 눌러요.

10. 굽는 동안 부풀어 오르지 않도록 포크로 찍어요.

중석이나 마른 콩, 팥, 보리 등을 이용하면 되어요. 한 번 사용한 콩은 계속 타르트용으로 두고 사용하는 것이 좋답니다.

11. 반죽 위에 유산지를 구겨 얹은 다음 타르트돌 또는 누름콩을 채워넣어요.

12. 170℃로 예열된 오븐에서 15분 정도 굽고, 유산지와 타르트돌을 걷어내고 5~10분 정도 더 구워내요.

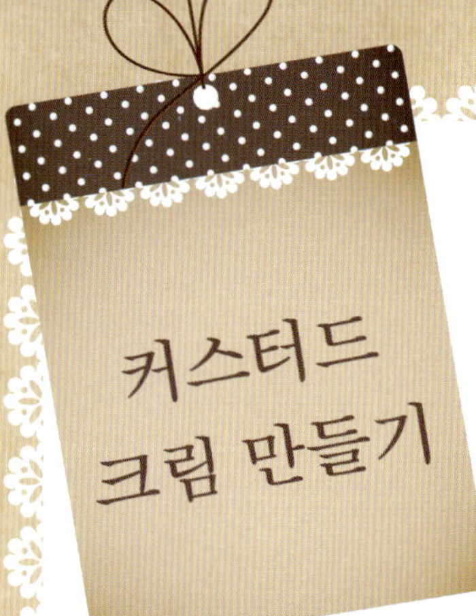

커스터드
크림 만들기

- ☐ 바닐라빈 1/2개
- ☐ 우유 250g
- ☐ 달걀 노른자 3개
- ☐ 설탕 70g
- ☐ 박력쌀가루 25g
- ☐ 소금 약간

1. 바닐라빈을 도마 위에 놓고 한쪽 끝을 손으로 잡은 다음 칼 끝을 이용해 반을 갈라 가운데 씨 부분을 긁어내요.

2. 냄비에 우유와 바닐라빈 씨, 바닐라빈 대를 모두 넣은 다음 중불에서 서서히 끓이다가 우유가 끓어 오르기 시작하면 불에서 내리고 바닐라빈 대는 건져내요.

3. 볼에 달걀 노른자를 풀다가 설탕을 더해 거품기로 고루 섞어요.

4. 설탕 입자가 어느 정도 녹으면 박력쌀가루와 소금을 체에 내려 더해요.

5. 여기에 ❷의 끓인 우유를 더해 덩어리지지 않도록 섞어주세요.

6. 이것을 체에 내려 완전히 덩어리가 없도록 해주고 바닐라빈 찌꺼기가 있다면 함께 걸러내요.

7. 걸러낸 후 다시 중불에서 저어가며 끓이다가 덩어리지며 끓어오르면 불에서 내려요.

8. 볼에 붓고 공기가 닿지 않도록 랩을 밀착시킨 뒤 냉장고에 넣어 차갑게 식혔다가 사용해요.

♥ 바닐라빈 사용하기

바닐라빈은 칼 끝을 이용해 반을 갈라 속을 살짝 긁어서 사용해야 해요.
그런데 너무 깨끗하게 긁으려고 힘을 주면 오히려 바닐라빈의 섬유질까지 긁어져서 지저분한 입자가 함께 들어갈 수 있으니 주의해야 해요.

□ 생크림 100g
□ 설탕 10g

❤ 생크림 만들 때 주의할 점
생크림을 거품낼 때 사용하는 볼은 물기나 유분
기가 없도록 준비해 주세요. 또, 생크림은 냉장고
에 10시간 이상 두었다가 사용해야해요. 충분히
차가운 상태가 아니면 휘핑이 잘 되지 않아요.

1. 생크림 볼에 재료를 모두 담고 아랫쪽
에 얼음 물을 받친 다음, 거품기로 들
어보았을 때 크림에 생긴 뿔이 아래로 휘지
않고 그대로 서 있을 때까지만 휘핑해 사용
해요.

2. 깍지를 끼운 짤주머니에 크림을 담아
사용해요.

□ 다크 커버춰초콜릿 100g

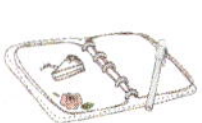

❤ 베이킹을 할 때에는 중탕만으로도 괜찮지만,
커버춰 초콜릿을 녹여 초콜릿을 만들 때에는 템
퍼링을 과정을 거쳐야만 초콜릿에서 광택이 돌고
맛도 더 좋게 만들 수 있어요.
45℃로 녹였다가 다시 찬물을 담은 볼에 담
가 27℃까지 식히고, 다시 뜨거운 물에 담가
30~32℃가 되도록 하면 템퍼링 완성이예요.

1. 물기 없는 깨끗한 볼에 커버춰초콜릿을
담고 뜨거운 물이 담긴 냄비를 아래에
받쳐 중탕으로 녹여요.

2. 온도계로 온도를 체크했을 때 40~
45℃가 넘지 않도록 하세요.

PART
02

쿠키
Cookie

쌀가루로 만들어 더 담백하고 고소한 홈메이드 쿠키는 너무 달지 않고
사르르 녹는 맛이 일품이죠.
쿠키를 굽는 동안 집안을 가득 채우는 달콤한 향기에 마음껏 취해도 좋
아요.
겉은 바삭하고, 속은 촉촉해서 자꾸자꾸 손이 가는 예쁜 쿠키의 세계로
초대합니다.

초코칩이 콕콕!!

초코칩쿠키

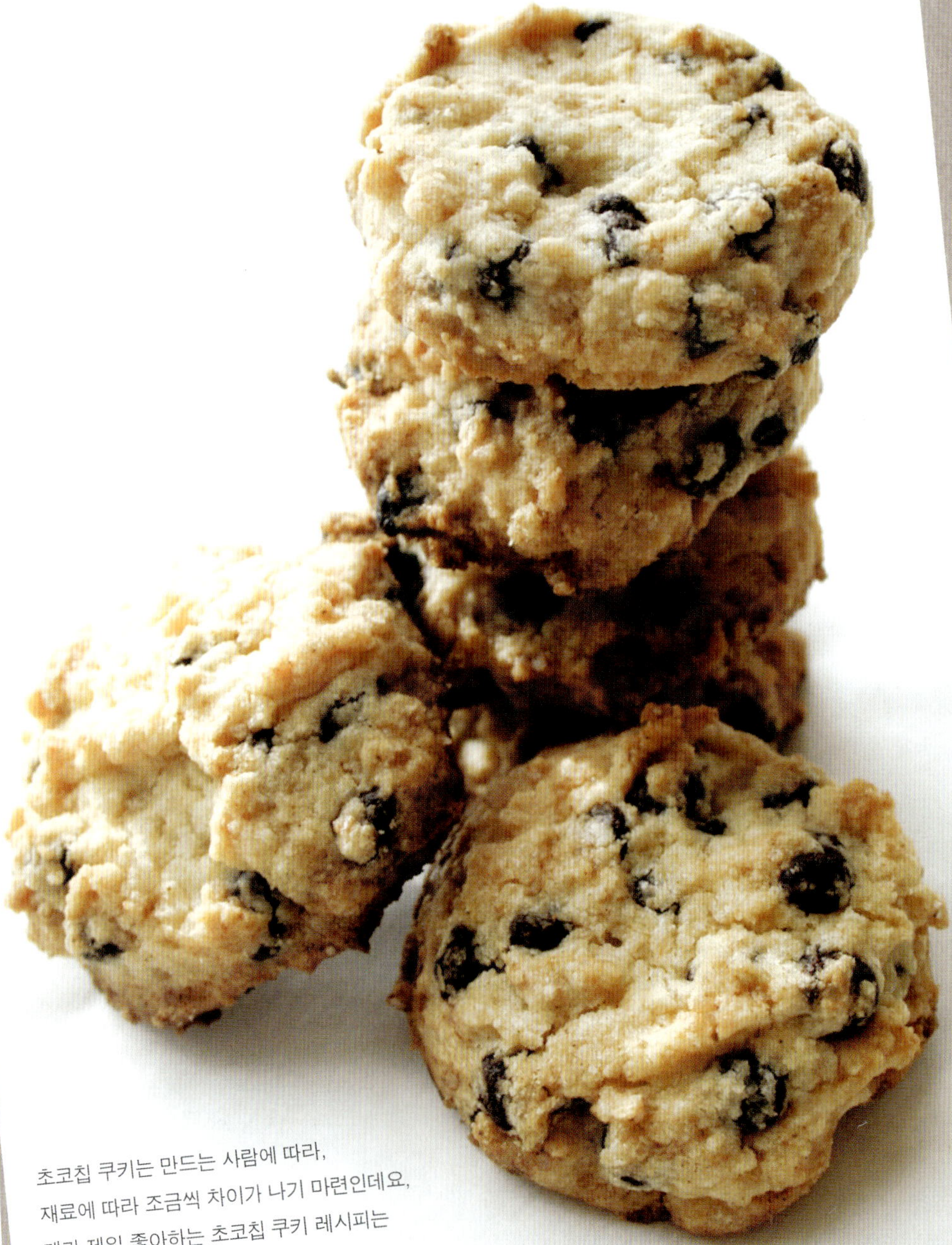

초코칩 쿠키는 만드는 사람에 따라,
재료에 따라 조금씩 차이가 나기 마련인데요,
제가 제일 좋아하는 초코칩 쿠키 레시피는
바로 요것이랍니다.
너무 달지 않으면서도 입 속에 들어가면 파삭 하고 부서지며
사르르 녹는 그 맛, 쌀가루로 더 맛있게 만들어 봐요.

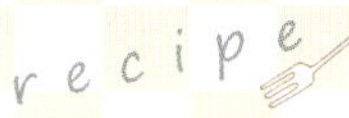

16~18개 분량

- [ ] 버터 110g
- [ ] 황설탕 50g
- [ ] 바닐라엣센스 1/4작은술
- [ ] 달걀 1개
- [ ] 박력쌀가루 150g
- [ ] 베이킹파우더 1/2작은술
- [ ] 소금 1/4작은술
- [ ] 초코칩 90g

180℃ 15~18분 굽기

♥ 견과류를 좋아한다면 피칸을 하나씩 올려서 구워내도 괜찮아요!

1. 볼에 실온 상태의 버터를 넣고 거품기로 부드럽게 풀어주세요.

2. 황설탕을 넣고 계속 섞다가 바닐라엣센스도 더해주세요.

3. 설탕 입자가 어느 정도 녹으면 미리 풀어둔 달걀을 조금씩 나누어 넣어가며 크림 상태가 되도록 섞어요.

4. 박력쌀가루와 베이킹파우더, 소금을 체에 쳐서 더하고 주걱으로 날가루가 보이지 않도록만 섞어요.

5. 초코칩을 넣고 한 번 더 가볍게 섞어서 반죽을 마무리해요.

6. 아이스크림 스푼 또는 숟가락 2개를 이용해 유산지를 깐 팬에 간격을 띄워 반죽을 올리고, 180℃로 예열한 오븐에서 15~18분간 구워내요.

쩍쩍 갈라질수록 더 맛있는

초코크랙쿠키

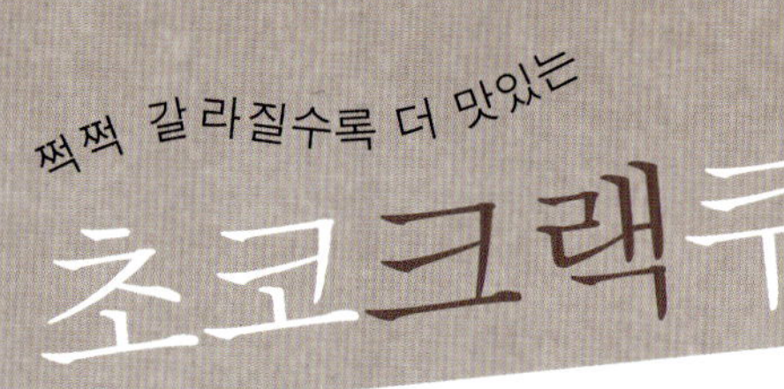

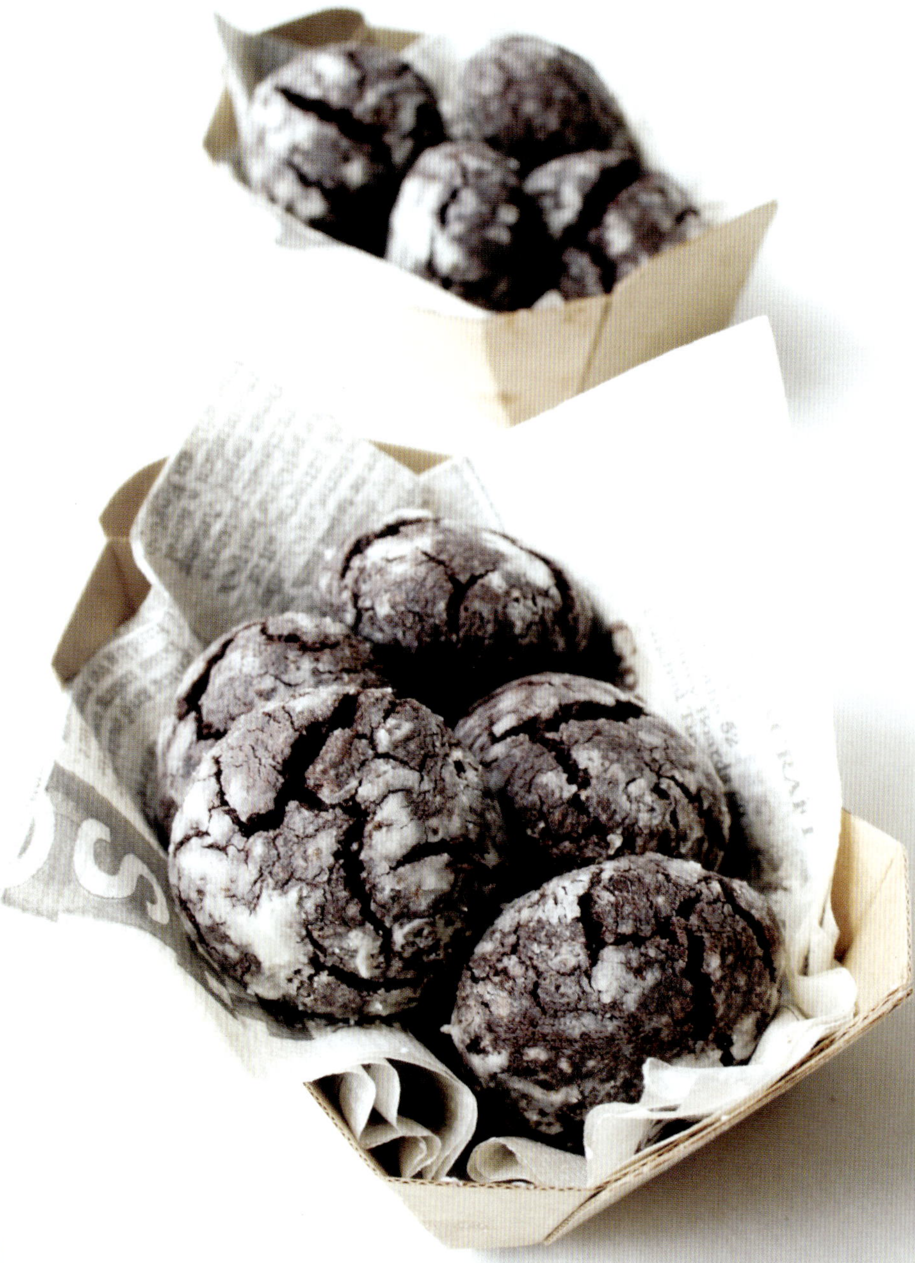

한입에 쏙쏙, 동글동글 쩍쩍 갈라진 모양이 너무너무 귀여운 쿠키예요.
재료도 심플하고, 만들기도 간편해 초보자도 쉽게 도전해 볼 수 있을 거예요.

 **20개 분량**

- ☐ 버터 80g
- ☐ 슈거파우더 50g
- ☐ 박력쌀가루 70g
- ☐ 코코아가루 20g
- ☐ 베이킹파우더 1/2작은술
- ☐ 소금 1/4작은술
- ☐ 여분의 슈거파우더 1/3컵 정도

 180℃ 15~18분간 굽기

♥ 슈거파우더가 없다면 흰설탕 100g에 전분 5g 정도의 비율로 넣고 곱게 갈아 사용해요.

1. 실온의 버터를 크림 상태가 되도록 풀어주고, 분량의 슈거파우더를 넣어 고루 섞어요.

2. 박력쌀가루와 코코아가루, 베이킹파우더, 소금을 모두 체에 내려 더해주고, 날가루가 보이지 않도록 주걱으로 고루 섞어요.

3. 반죽이 한 덩어리가 되면 마르지 않도록 비닐에 넣은 후, 냉장고에 넣어 1시간 정도 휴지시켜요.

4. 반죽을 10g씩 떼어 동그랗게 뭉쳐주고, 여분의 슈거파우더를 고루 묻혀요.

5. 여분의 슈거파우더는 털어내고 팬 위에 적당한 간격을 띄워 올린 후, 180℃로 예열된 오븐에서 15~18분간 구워내요.

신호등쿠키

빨강, 노랑, 초록 신호등 색깔 그대로 구워내는 재미난 쿠키에요.
귀여운 신호등 쿠키 먹고 모두가 신호를 잘 지키길 바라기로 해요.

15개 분량

・반죽

□ 버터 100g
□ 설탕 80g
□ 달걀 1개
□ 바닐라엣센스 1/2작은술
□ 박력쌀가루 150g
□ 코코아가루 20g
□ 아몬드가루 20g
□ 베이킹파우더 1/2작은술
□ 소금 1/4작은술
□ 다크 초코칩 50g
□ 장식용 컬러 초콜릿 적당량

♥ 아이스크림 막대를 끼워 구워내면 사탕 모양
의 쿠키로도 구울 수 있어요.

♥ **포장팁**
비닐봉투로 포장해 상자에 담아 선물하거나
리본을 매기만 해도 충분히 예쁘답니다.

1. 볼에 실온의 버터를 풀어주다가 설탕을
나누어 넣어가며 크림처럼 섞어주세요.

2. 설탕이 고루 섞이면 미리 풀어둔 실온
의 달걀과 바닐라엣센스를 차례대로 더
해 섞어요.

3. 박력쌀가루와 코코아가루, 아몬드가루,
베이킹파우더, 소금을 모두 섞어 체에
2~3번 내려두어요.

4. ❷에 체에 내려둔 가루류를 모두 더해
서 주걱으로 고루 섞어요.

5. 날가루가 보이지 않는 정도가 되면 초
코칩을 더해 한 번 더 섞어 반죽을 마
무리해요.

6. 손으로 반죽을 적당히 떼어 긴 타원형
이 되도록 모양을 만들고, 팬 위에 간격
을 띄워 올려요.

7. 색색의 초콜릿을 신호등 모양으로 올
려주고 살짝 누른 후에, 170℃로 예열
된 오븐에서 18~20분간 구워내요.

초코칩 홍차쿠키

오후의 나른함을 달래줄 향긋한 홍차 쿠키예요.
향긋한 홍차에 달콤쌉싸름한 초콜릿이 더해져 폭신폭신 부드럽게 어우러진답니다.
맛있는 쿠키 한 조각에 담혀 있던 마음들도 사르르 녹아내릴 것만 같아요.

12개 분량

• 반죽

☐ 버터 90g
☐ 설탕 50g
☐ 달걀 1개
☐ 홍차엑기스 1작은술
☐ 박력쌀가루 150g
☐ 베이킹파우더 1/2작은술
☐ 소금 1/4작은술
☐ 우유 1/2~1큰술
☐ 초코칩 90g

170℃ 18분 굽기

♥ 홍차엑기스 대신 홍차 티백을 진하게 우려내 사용하거나 티백 안의 홍차잎을 그대로 넣어 구워내도 좋아요.

♥ 포장팁
비닐로 낱개 포장한 뒤 예쁜 스티커로 장식해도 예쁘답니다. 크라프트 상자에 담아 스탬프로 글자나 예쁜 그림을 찍어내어도 좋고요.

1. 실온의 버터를 부드럽게 풀어주다가 설탕을 더해 크림처럼 만들어요.

2. 설탕 입자가 어느 정도 녹아들면 미리 풀어둔 실온의 달걀을 더해 분리되지 않도록 고루 섞어요.

3. 분량의 홍차엑기스도 함께 넣고 섞어주세요.

4. 박력쌀가루와 베이킹파우더, 소금을 체에 내려 더하고 주걱을 세워 날가루가 보이지 않도록만 섞어요.

5. 반죽이 잘 섞이지 않으면 우유를 1/2 ~ 1큰술 정도 더해주어도 괜찮아요.

6. 마지막으로 초코칩을 더해 대강 섞고 반죽을 마무리해요.

7. 유산지를 깔아둔 팬에 간격을 띄워 한 수저씩 반죽을 떠 올리고 윗면을 살짝 눌러주세요.

8. 170℃로 예열한 오븐에서 18분간 구워내고 식힘망에서 충분히 식혀내요.

초콜릿 드롭 쿠키

드롭(drop) 쿠키는 반죽을 스푼으로 떠 놓아 굽는 것을 말해요.

휴지 과정 없이 모든 재료를 섞어 바로 굽기 때문에 만드는 시간도 짧고요,

별다른 쿠키틀 없이 먹음직스럽게 구울 수 있지요. 진한 느낌이 살아 있는 제대로 된 초코 쿠키랍니다.

박력쌀가루에 강력쌀가루를 더해 만들어 묵직하고 진한 느낌이 살아 있는 제대로 된 초코 쿠키랍니다.

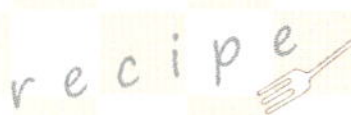

15개 분량

- 밀크초콜릿 50g
- 버터 70g
- 황설탕 60g
- 달걀 1개
- 바닐라엣센스 1/2작은술
- 코코아가루 10g
- 강력쌀가루 50g
- 박력쌀가루 100g
- 베이킹파우더 1작은술
- 소금 1/3작은술
- 우유 30g
- 호두 또는 피칸 60g
- 초코칩 50g

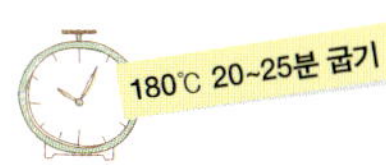

180℃ 20~25분 굽기

♥ 포장팁

쿠키는 완전히 식힌 후에 마르지 않도록 비닐에
낱개로 포장해 두세요. 이렇게 포장한 쿠키를 밀
폐용기에 담아 냉동실에 넣어 두면 한 달까지 보
관이 가능해요.
선물할 것이라면 금색의 두꺼운 종이를 쿠키와
함께 넣어보세요. 보기에도 더 고급스러운데다,
쿠키가 깨지는 것도 막아준답니다.

1. 먼저 밀크초콜릿을 중탕으로 녹여요.

2. 볼에 실온의 버터를 넣어 거품기로 부
드럽게 풀어주고, 황설탕을 더해 거품
기로 계속 섞어요.

3. 여기에 미리 풀어둔 실온의 달걀을 넣
어 분리되지 않도록 섞고, 녹인 초콜릿
과 바닐라엣센스도 더해 섞어주세요.

4. 코코아가루와 강력·박력쌀가루, 베이
킹파우더, 소금을 모두 섞어 체에 내려
더하고, 우유를 나누어 넣어가며 날가루가 보
이지 않도록만 주걱으로 반죽해요.

5. 호두나 피칸을 손으로 대강 부수어
반죽에 넣고 초코칩도 더해 한 번 더
섞어요.

6. 숟가락으로 반죽을 떠서 오븐팬 위
에 올리고, 180℃로 예열된 오븐에서
20~25분간 구워요.

7. 구워낸 쿠키는 식힘망에서 완전히 식
혀내요.

화이트초코마카다미아쿠키

진~한 분유 맛의 부드러운 쌀쿠키예요.
분유 맛이 더 진해지라고 화이트초코칩도 가득 넣어주고요, 큼직한 마카다미아도 쏙쏙 숨어 있지요.
손바닥만한 넉넉한 크기라서 더욱 먹음직스러워요.

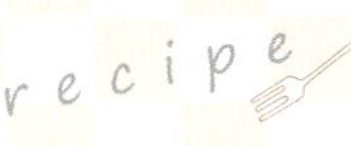

10개 분량

· 반죽

☐ 버터 90g

☐ 설탕 50g

☐ 달걀 1개

☐ 바닐라엣센스 1/2작은술

☐ 박력쌀가루 150g

☐ 탈지분유 20g

☐ 베이킹파우더 1/2작은술

☐ 소금 1/4작은술

☐ 화이트초코칩 80g

☐ 마카다미아 40g

170℃ 18분 굽기

♥ 종이백에 담아 도일리 페이퍼를 이용해 포장해 보세요. 리본 대신 귀여운 장식의 철사끈을 이용해도 잘 어울려요.

1. 실온의 버터를 부드럽게 풀어주다가 설탕을 나누어 넣어가며 크림처럼 만들어주세요.

2. 실온의 달걀을 더해 분리되지 않도록 섞고, 바닐라엣센스도 함께 더해 섞어요.

3. 박력쌀가루와 탈지분유, 베이킹파우더, 소금을 모두 체에 내려 더해주고, 주걱을 세워 날가루가 보이지 않도록만 섞어요.

4. 화이트초코칩과 마카다미아를 더해 한 번 더 섞어 반죽을 마무리해요.

5. 유산지나 데프론시트를 깔아둔 팬에 간격을 띄워 한 스푼씩 반죽을 떠 올려요.

6. 반죽의 윗면을 살짝 눌러주고, 170℃로 예열한 오븐에서 18분간 구워내면 완성이예요.

백련초 버터쿠키

평범한 버터 쿠키는 이제 그만~!
입안에 들어가자마자 파삭- 하고 부서져 내리는 버터쿠키 만의 매력에
백련초의 영양과 고운 빛깔까지 더해 만들어 보아요.
사랑하는 사람에게는 하트 모양으로 수줍게 마음을 전해봐도 좋겠죠?

15~17개 분량

- [ ] 버터 40g
- [ ] 슈거파우더 20g
- [ ] 달걀 1/2개(25g)
- [ ] 바닐라엣센스 1/4작은술
- [ ] 박력쌀가루 100g
- [ ] 전분가루 10g
- [ ] 백년초가루 2작은술
- [ ] 소금 1/4작은술

170℃ 12~15분 굽기

♥ **나만의 버터 쿠키 만들기**

반죽을 동그란 모양으로 짜내면 동그란 버터 쿠키가 되고요, 하트 모양으로 짜내면 하트 버터 쿠키가 되지요.

구불구불, 지그재그, 별모양, 다이아몬드 등등 원하는 모양으로 마음껏 만들어 보는 것도 재밌겠지요? 화이트 초콜릿을 녹여 콕 찍어내도 좋답니다.

♥ **한가지 더!**

더운 여름철에는 버터가 쉽게 녹아 반죽이 지나치게 질어질 수 있어요.
그럴 때는 반죽을 냉장고에 잠시 넣어두었다가 구워보세요. 그러면 굽는 동안에도 모양이 많이 퍼지지 않아서 더욱 예쁘거든요.

1. 실온의 버터를 부드럽게 풀어 크림처럼 만들어 주세요.

2. 버터가 부드러워지면 슈거파우더를 나누어 더해가며 섞어요.

3. 미리 풀어둔 실온의 달걀을 더해 분리되지 않도록 섞고, 바닐라엣센스도 더해요.

4. 여기에 박력쌀가루와 전분, 백년초가루, 소금을 체에 내려 더해주고 주걱을 이용해 날가루가 보이지 않도록 섞어요.

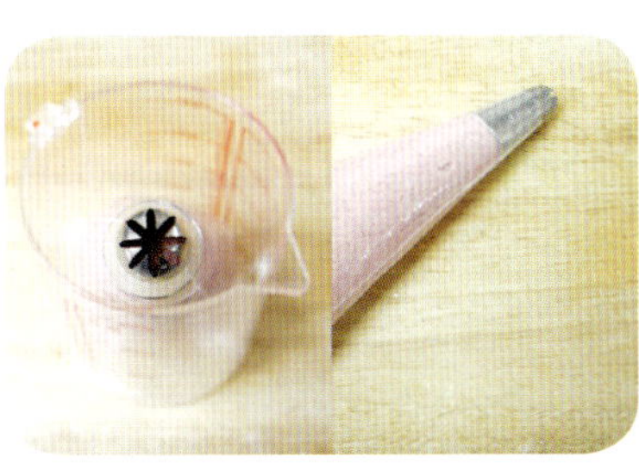

5. 별 모양 깍지를 끼운 짤주머니에 반죽을 담아요.

6. 유산지나 데프론시트를 깐 팬에 반죽을 짜고, 170℃로 예열된 오븐에서 12~15분간 구워내면 완성이예요.

고구마 세손가락 쿠키

손가락으로만 모양을 내어 굽는
일명 못난이 쿠키예요.
모양은 못났지만, 맛과 영양은 모양만 예쁜 쿠키들 보다도 훨씬 훌륭하답니다.
탄수화물과 지방이 많은 쿠키에 고구마를 더하면 부족한 섬유질을 보충해 주면서 칼로리도 낮춰 주거든요.

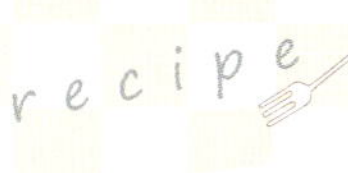

55~60개 분량

- □ 고구마 찐 것 75g
- □ 우유 1/2큰술
- □ 슬라이스치즈 1장
- □ 버터 60g
- □ 설탕 70g
- □ 달걀 노른자 1개
- □ 박력쌀가루 200g
- □ 소금 1/2작은술
- □ 베이킹파우더 1/2작은술
- □ 슈가파우더 1/3컵

170℃ 18~20분 굽기

💗 **고구마 세손가락 쿠키 예쁘게 선물하기**

투명한 플라스틱 무
스컵이나 페트병을
잘라 쿠키를 담고
비닐로 감싸 리본만
하나 예쁘게 매어줘
도 예쁘답니다.

1. 고구마는 껍질을 벗기고 깍뚝썰기해서 전자렌지에 3분 정도 돌려 완전히 익히고, 뜨거울 때에 으깨둡니다.

2. 또 다른 그릇에 우유 1/2큰술과 치즈 1장을 넣어 렌지에 20초 돌리고 저어주기를 반복해 치즈 소스를 만들어요.

3. ❶에서 으깨둔 고구마에 치즈 소스를 부어 고루 섞어 두어요.

4. 볼에 실온의 버터를 부드럽게 풀어주고, 설탕을 나누어 넣어가며 거품기로 섞어주세요. 달걀 노른자도 더해 고루 섞어요.

5. 여기에 박력쌀가루와 소금, 베이킹파우더를 체에 내려 주걱을 세워 섞어줍니다. 날가루가 보이지 않는 정도로 섞이면 고구마와 치즈 소스 섞은 것을 더해 주걱을 세워서 한 번 더 섞어요.

6. 반죽을 한 덩어리로 뭉쳐서 비닐에 담고 냉장고에서 30분~1시간 정도 휴지시켜요.

7. 냉장고에서 꺼낸 반죽을 8g씩 떼어 동그랗게 굴린 후에, 손가락 세 개로 동시에 눌러서 쿠키의 모양을 만들어 주세요.

8. 팬 위에 간격을 띄우고 올려서 170℃로 예열된 오븐에 넣어 18~20분간 구워내요.

9. 다 구워진 쿠키는 뜨거울 때에 겉면에 슈거파우더를 고루 뿌려둡니다.

아름다운 우리의 맛과 멋

콩가루명절쿠키

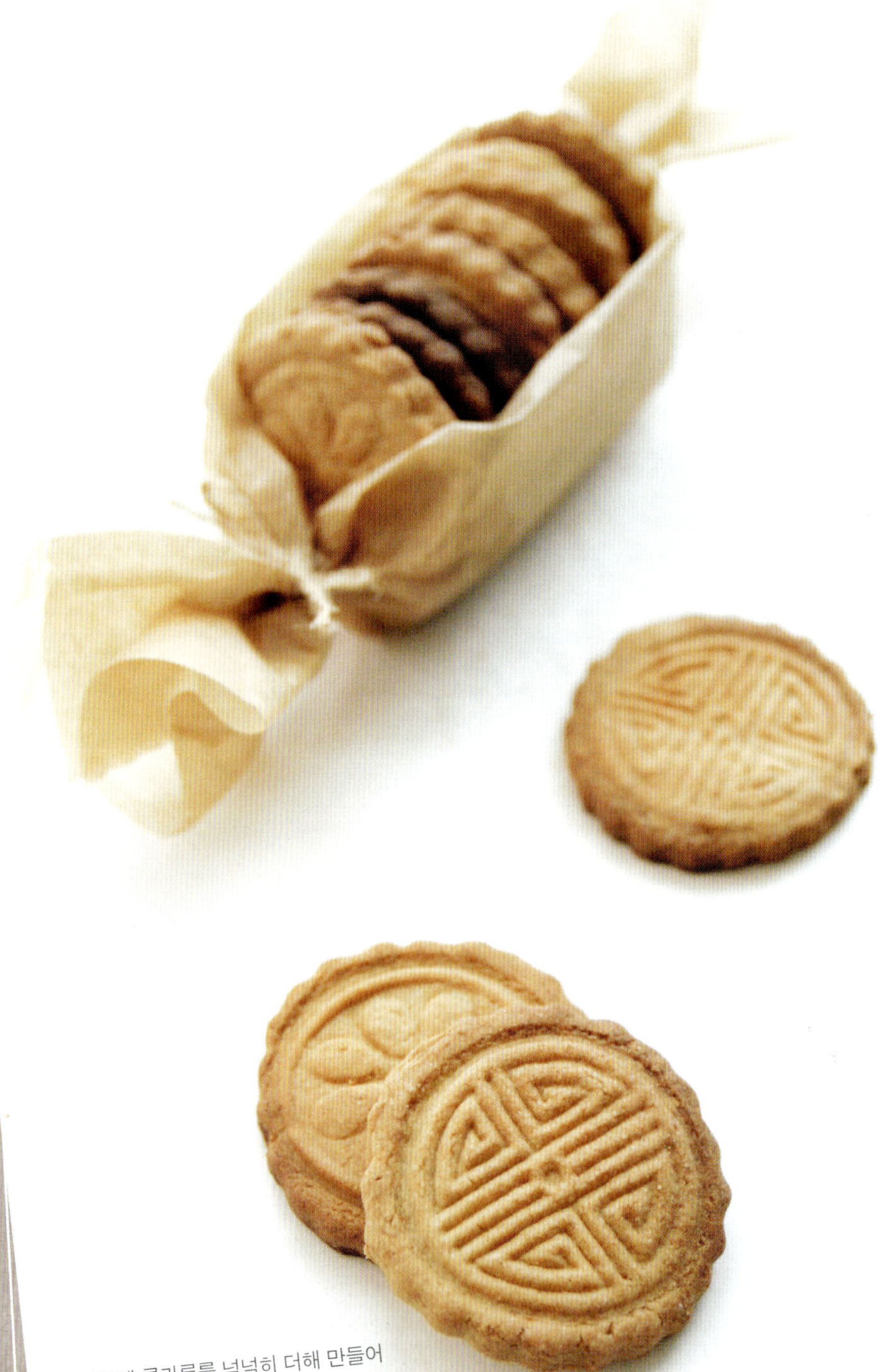

쌀가루에 콩가루를 넉넉히 더해 만들어
명절에 특히 더 잘 어울리는 쿠키에요.
달지 않고 고소하면서 부드러워, 남녀노소 구분없이 누구나 좋아해요!

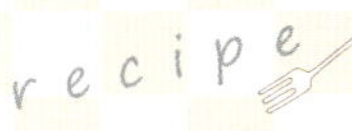

20개 분량

- ☐ 박력쌀가루 100g
- ☐ 볶은 콩가루 50g
- ☐ 베이킹파우더 1/4작은술
- ☐ 소금 1/4작은술
- ☐ 버터 80g
- ☐ 설탕 70g
- ☐ 달걀 1개
- ☐ 바닐라엣센스 1/4작은술

170℃ 15~18분 굽기

♥ 포장팁

한 개씩 비닐로 낱개 포장해 크라프트 상자에 담아 선물하면 예뻐요.

♥ 떡도장(떡살)은 홈베이킹 또는 떡 재료 전문 쇼핑몰에서 쉽게 구입할 수 있어요.

1. 분량의 박력쌀가루와 볶은 콩가루, 베이킹파우더, 소금을 모두 섞어 체에 1~2번 정도 내려두어요.

2. 다른 볼에 실온의 버터를 풀어주다가 설탕을 넣어 크림처럼 만들어요.

3. 여기에 실온의 달걀을 더해 분리되지 않도록 섞고, 바닐라엣센스도 함께 더해 주세요.

4. ❶에서 체에 내려둔 가루류를 한 번 더 체에 내려 더하고, 주걱으로 날가루가 보이지 않도록만 섞어요.

5. 반죽을 한 덩어리로 뭉쳐 비닐에 넣고 냉장고에서 1시간 정도 휴지시켜요.

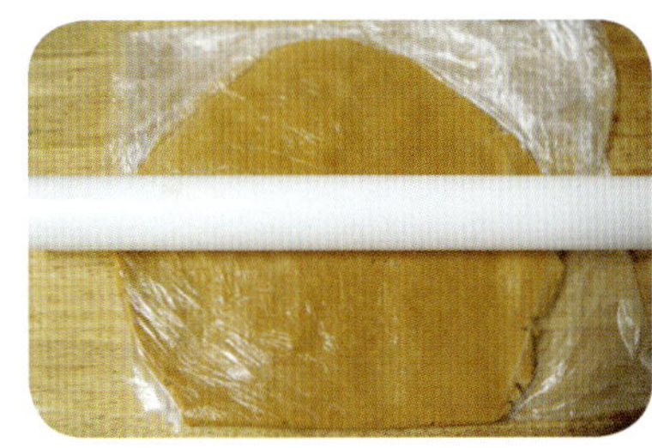

6. 휴지 후 봉지째 밀대로 밀어 두께가 0.5~0.6cm 정도가 되도록 해요.

손바닥과 반죽에 덧가루를 뿌려가면서 작업해야 들러붙지 않는답니다.

7. 봉지의 이음새 면을 가위로 자르고 둥근 쿠키 커터로 반죽을 찍어내고, 그 위에 떡도장을 지그시 눌러 모양을 내어주세요.

8. 데프론시트나 유산지를 깐 쿠키팬 위에 반죽을 올리고, 170℃로 예열된 오븐에서 15~18분간 구워내요.

옥수수마디쿠키

한 칸씩 톡톡 잘라 먹는 재미가 있는 마디 쿠키예요. 옥수수 가루가 들어가서 노릇노릇 구수하지요.
남은 반죽으로는 초콜릿 쿠키나 잼 쿠키로도 활용해 보세요. 한 가지 반죽으로 여러가지 쿠키를 만들 수 있답니다.

20개 분량

- ☐ 버터 70g
- ☐ 설탕 70g
- ☐ 달걀 1개
- ☐ 박력쌀가루 70g
- ☐ 옥수수가루 50g
- ☐ 아몬드가루 20g
- ☐ 소금 2g
- ☐ 베이킹파우더 1/2작은술

180℃ 20~25분 굽기

♥ **남은 반죽 활용법**

잘라내고 남은 가장자리 반죽은 다시 뭉쳐서 밀대로 밀어 같은 모양으로 잘라내 구워도 되지만, 초콜릿 조각이나 딸기잼, 사과잼 등을 얹어내 구워도 좋아요.
반죽을 동그랗게 뭉쳤다가 살짝 납작하게 누르고 가운데에 엄지로 살짝 홈을 만든 후에 초콜릿이나 딸기잼, 사과잼 등을 그대로 얹어 구워내면 되지요.

♥ **포장팁**

충분히 식은 쿠키는 마르지 않도록 비닐에 넣어 포장하면 좋아요!
초콜릿을 얹은 쿠키는 삼각뿔 모양으로 포장하면 더욱 예쁘답니다.

1. 실온의 버터를 볼에 넣고 부드럽게 풀어주세요.

2. 설탕을 더해 거품기로 고루 섞어 크림처럼 만들어요.

3. 설탕이 어느 정도 녹아내리면 실온의 달걀을 넣고 분리되지 않도록 섞어요.

4. 박력쌀가루, 옥수수가루, 아몬드가루, 소금, 베이킹파우더를 모두 체에 쳐서 넣고, 주걱으로 고루 섞어 반죽해요. 완성된 반죽은 비닐에 담아 30분~1시간 정도 냉장고에서 휴지시켜요.

5. 버터가 다시 굳으면서 단단해진 반죽을 냉장고에서 꺼내어 두께가 1cm 정도가 되도록 봉지째 밀어요.

6. 반죽을 가로 1.2cm, 세로 6cm의 사각형 모양으로 잘라요.

7. 잘라낸 조각을 각각 3등분하여 칼집을 살짝 내어준 뒤, 포크로 구멍을 내어 모양을 만들어 주세요.

8. 팬 위에 적당히 간격을 띄워 올리고, 180℃로 예열된 오븐에서 20~25분간 구워내면 완성이예요.

야채크래커

지금은 고기보다 야채를 더 즐겨 먹는 저도 어렸을 때에는 고기와 햄만 골라 먹는 편식쟁이였답니다.
야채와 친하지 않은 아이들에게 억지로 먹이기 보다는 자연스럽게 스스로 먹을 수 있도록 도와줘 보세요.
야채 크래커와 함께라면 어느샌가 저처럼 야채와 친한 친구가 되어있을 거예요.

20개 분량

- □ 양파 30g
- □ 날걀 노른자 1개
- □ 당근 50g
- □ 설탕 30g
- □ 포도씨유 10g
- □ 박력쌀가루 120g
- □ 소금 1/3작은술
- □ 베이킹파우더 1/4작은술
- □ 볶은 참깨 1작은술
- □ 파슬리가루 1작은술
- □ 우유 10g

♥ 다양한 쿠키 커터를 활용해 아이들과 함께 하는 요리 시간을 가져보세요. 내 손으로 직접 만든 쿠키라면 훨씬 더 좋아한답니다.

1. 믹서에 양파와 달걀 노른자를 함께 넣어 곱게 갈아 두고, 당근은 잘게 다져요.

2. 팬에 기름을 살짝 두른 후에 키친타올로 닦아내고, 다진 당근을 넣어 고루 볶아 수분을 제거해요.

3. 볼에 달걀 노른자와 양파 간 것을 담고 설탕을 더해 거품기로 섞다가 포도씨유도 마저 넣어 섞어요.

4. 여기에 박력쌀가루와 소금, 베이킹파우더를 체에 내려 넣고 주걱으로 보슬하게 섞어요.

5. 볶은 당근과 볶은 참깨, 파슬리가루를 더해 한 번 더 섞다가 한 덩어리로 뭉쳐주세요. 이 때 잘 뭉쳐지지 않는다면 우유를 10g 정도 더해주면 좋아요.

6. 한 덩어리로 뭉쳐진 반죽을 비닐에 담아 냉장고에서 1시간 정도 휴지시켜요.

7. 휴지시킨 반죽을 꺼내 밀대로 두께 0.5cm 정도가 되도록 밀어요.

8. 밀어낸 반죽을 쿠키 커터로 찍어내요.

9. 팬 위에 하나씩 올리고 포크로 가운데에 구멍을 내어준 뒤, 170℃로 예열된 오븐에 넣어 18~20분간 구워내요.

먹으면 예뻐지는

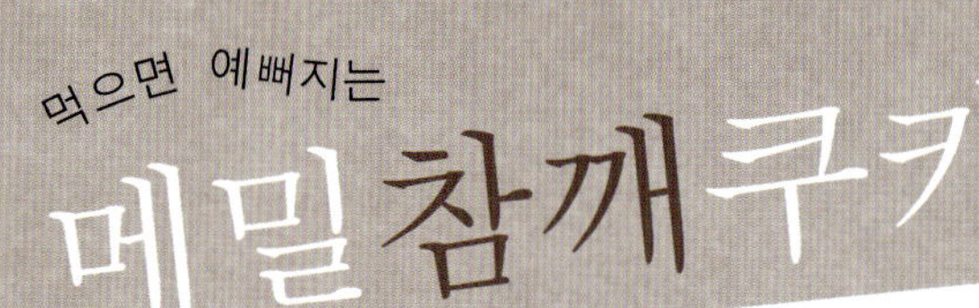

메밀참깨쿠키

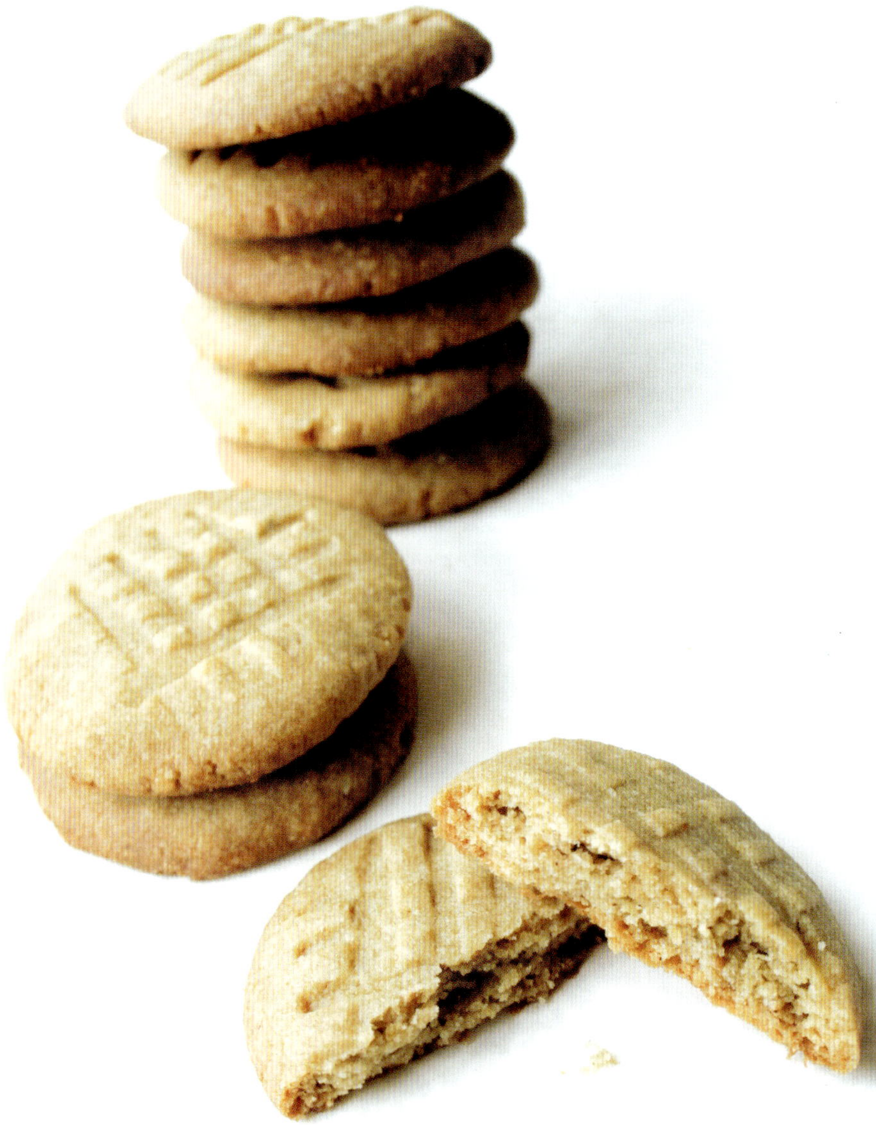

쌀가루에 메밀가루를 더해 만드는 쿠키예요.
메밀가루 특유의 고소한 향이 일품인데다 참깨를 더해 고소한 맛이 배가 되었어요.
메밀은 칼로리가 낮아 다이어트에도 효과가 있는데, 특히 메밀 속 루틴이라는 성분은 우리 몸 속에서
항산화작용을 돕는다고 해요.

20~22개 분량

- ☐ 메밀가루 50g
- ☐ 박력쌀가루 80g
- ☐ 아몬드가루 30g
- ☐ 슈거파우더 50g
- ☐ 소금 1/3작은술
- ☐ 달걀 1/2개(25g)
- ☐ 버터 100g
- ☐ 볶은 참깨 1/2큰술

170℃ 15분 굽기

♥ 완전히 식힌 메밀 참깨 쿠키를 일렬로 쌓아서 유산지로 돌돌 말아준 다음, 양 끝을 노끈으로 간단하게 묶어 사탕처럼 포장하면 예뻐요.
화려하고 알록달록한 포장보단, 딱 메밀 참깨 쿠키처럼 수수해야 잘 어울리거든요.

1. 메밀가루와 박력쌀가루, 아몬드가루, 슈거파우더, 소금을 모두 섞어 체에 두세 번 내려 준비해요.

2. 여기에 미리 풀어 둔 실온의 달걀을 더해 주걱을 세워 대강 섞어요.

3. 달걀이 대강 섞이면 깍뚝썰기한 차가운 버터와 참깨를 더해요. 이때 스크래퍼는 버터를 자르는 느낌으로 해서 반죽이 부슬부슬한 소보로처럼 되도록 해주세요.

4. 버터가 잘게 잘라지면 반죽을 한 덩어리로 뭉쳐 비닐봉지에 넣고 냉장고에서 1시간 정도 휴지시켜요.

5. 냉장고에서 단단해진 반죽을 꺼내 16~17g씩 떼어 손바닥으로 둥글납작하게 만들고, 포크로 눌러 모양을 내고 유산지를 깐 팬 위에 올려요.

6. 170℃로 예열된 오븐에서 15분간 구워내요.

7. 구워낸 쿠키는 틀 위에서 잠시 식혀 단단해지도록 한 뒤, 식힘망 위에서 완전히 식혀내야 식은 후에도 잘 부서지지 않고 바삭바삭한 식감이 살아나지요.

참깨 스틱

길쭉한 모양의 참깨 스틱은 손에 들고서 톡톡 잘라 먹는 재미가 쏠쏠하답니다.

씹을 때마다 입안 가득 퍼지는 참깨의 고소함에 자꾸만 먹게 되지요.

시원한 맥주를 곁들이면 안주로도 정말 훌륭해요.

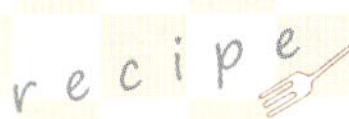

25~30개 분량

- [ ] 버터 75g
- [ ] 설탕 40g
- [ ] 달걀 1/2개(25g)
- [ ] 박력쌀가루 150g
- [ ] 소금 1/4작은술
- [ ] 물 1/2큰술
- [ ] 참깨 3큰술

180℃ 17~20분 굽기

♥ 길쭉한 스틱 모양이 아니더라도 반죽을 벽돌 모양으로 뭉친 후 0.5cm 두께로 칼로 썰어내 구 워도 투박하지만 멋스럽답니다.
참깨 대신 검정깨를 사용해도 괜찮아요.

1. 볼에 실온의 버터를 넣고 풀어주다가 분량의 설탕을 더해 부드럽게 섞어요.

2. 미리 풀어둔 실온의 달걀 1/2개를 더해 분리되지 않도록 섞어요.

3. 박력쌀가루와 소금을 체에 내려 더하고, 물 1/2큰술을 더해 주걱으로 가볍게 섞이요.

4. 반죽을 손으로 뭉쳐 비닐에 담고 냉장고에 30분~1시간 동안 넣어 주세요.

더욱 바삭하게 굽기 위해서 굽기 전에 반죽을 한 번 더 냉장고에 넣었다가 구워내면 좋아요.

5. 꺼낸 반죽을 적당히 떼어내 작업대 위에서 양손으로 굴려가며 15cm의 길이로 길게 늘이고, 참깨를 담아둔 접시 위에 굴려 고루 묻혀내요.

6. 180℃로 예열된 오븐에서 17~20분간 구워내요.

알파벳 호밀쿠키

호밀가루를 더해
건강한 빛깔을 띄는 쿠키예요.
알파벳 틀을 이용해 구워내면
맛있는 간식을 먹으며 영어 공부도 할 수 있지요.
또 가끔은 말 대신 마음을 전할 때도 유용하답니다.

15~20개 분량

- □ 호밀가루 120g
- □ 박력쌀가루 60g
- □ 설탕 60g
- □ 베이킹파우더 1/2작은술
- □ 소금 1작은술
- □ 버터 80g
- □ 우유 50g

180℃ 17~20분 굽기

♥ 알파벳 틀이 없어도 걱정하지 마세요.
반죽을 밀어낸 후에 원형 모양의 틀이나 컵을 이용해 둥근 모양으로 찍어내고, 포크로 반죽의 중앙에 구멍을 내어 구워내도 근사하답니다.

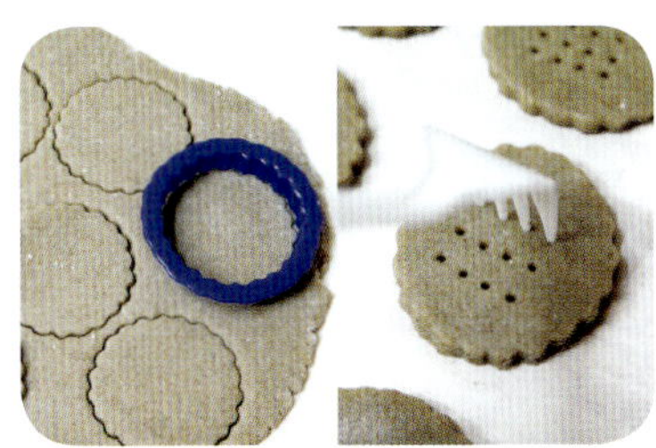

1. 호밀가루와 박력쌀가루, 설탕, 베이킹파우더, 소금을 모두 섞어 체에 내리고 찬 버터를 더해서 스크래퍼나 주걱을 세워 버터를 자르듯 부슬하게 섞어요.

2. 버터 덩어리가 보이지 않을 정도가 되면 찬 우유를 더해 날가루가 보이지 않도록 섞다가 한 덩어리로 뭉쳐요.

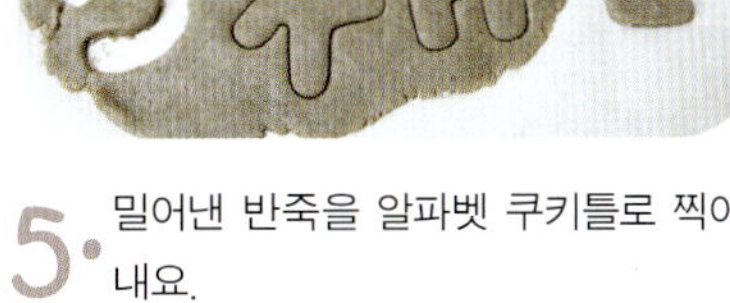

3. 반죽을 비닐에 넣어 냉장고에서 1시간 동안 휴지시켜요.

반죽이 들러붙으면 덧가루를 조금씩 뿌려가며 작업해요.

4. 휴지시킨 반죽을 꺼내 두께 0.5cm가 되도록 밀대로 밀어 주세요.

오랜시간 치대면 손의 열기로 버터가 녹으면서 반죽이 질어질 수 있어요. 이럴 때는 다시 냉장고에 반죽을 넣어 차갑게 만든 후 작업하도록 해요.

5. 밀어낸 반죽을 알파벳 쿠키틀로 찍어내요.

6. 찍어낸 쿠키 반죽을 오븐팬 위에 간격을 띄워 올리고 180℃로 예열된 오븐에서 17~20분간 구워내요.

멸치쿠키

자라나는 성장기 어린이는 물론, 성인들에게도 꼭 필요한 영양소 중 하나인 칼슘은
일부러 챙겨 먹지 않으면 부족하기 쉬워서 칼슘 덩어리 멸치로 쿠키를 만들어 보았어요.
바삭바삭 고소해서 아이들 간식으로는 물론, 어른들 술 안주로도 참 좋답니다.

70~80개 분량

□ 잔멸치 30g
□ 박력쌀가루 150g
□ 베이킹파우더 1/4작은술
□ 설탕 2큰술
□ 볶은 참깨 1/2큰술
□ 볶은 검은깨 1/2큰술
□ 참기름 1작은술
□ 우유 120g

170℃ 18~20분 굽기

♥ 멸치 가루는 쿠키 만들 때는 물론, 국물 요리를 할 때에도 조미료 대신 더해주면 좋아요. 대신 실온에 보관하면 지방과 단백질 때문에 산패될 수 있어 반드시 냉동실에 보관해 두고, 되도록 한 달 이내에 사용하도록 하세요.

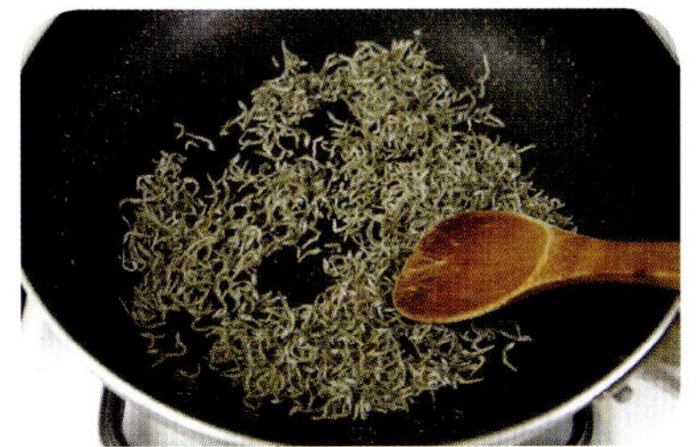

1. 기름을 두르지 않은 마른 팬에 잔멸치를 넣고 달달 볶아요.

2. 볶아낸 멸치의 15g만 분쇄기에 넣고 갈아 고운 가루로 만들어요.

3. 박력쌀가루에 멸치가루, 베이킹파우더, 설탕을 섞어 체에 2~3번 내려두고, 볶은 참깨와 검은깨를 더해 주세요.

4. 여기에 참기름과 우유를 더해 날가루가 보이지 않도록만 주걱으로 섞어요.

5. 반죽이 보슬해지면 남겨둔 볶은 멸치 10g을 더해 마저 섞어요.

6. 한 덩어리로 뭉친 반죽을 비닐에 넣어 냉장고에 30분간 넣어두어요.

7. 밀대로 0.5cm 정도의 두께가 되도록 밀고 사다리꼴 모양이 되도록 칼로 잘라요.

8. 한 조각씩 간격을 조금 띄워 유산지나 데프론시트를 깔아둔 쿠키팬 위에 올리고 170℃로 예열한 오븐에서 18~20분간 구워내요.

명란쿠키

명란젓에는 활성비타민 B1과 B2가 풍부해
피로회복이나 눈 건강에 좋다고 해요.
우리나라에서는 주로 밥 반찬으로 먹곤 하지만,
가까운 일본에서는 빵이나 쿠키에도
종종 사용하곤 하지요.
영양 만점인 명란젓으로 가끔은 별난 쿠키를 즐겨보세요.
짭쪼름한 쿠키의 매력에 푹 빠지게 될 거예요!

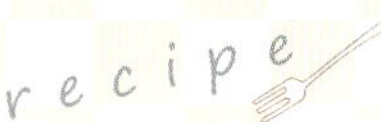

45~50개 분량

□ 명란젓 40g
□ 김 1장
□ 달걀 노른자 1개
□ 설탕 15g
□ 참기름 10g
□ 박력쌀가루 100g
□ 베이킹파우더 1/4작은술
□ 우유 10g

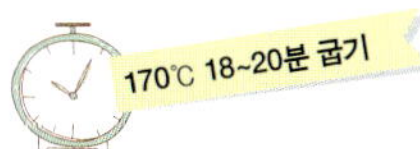
170℃ 18~20분 굽기

♥ 좋은 재료 고르기 : 명란젓
명란은 무조건 크다고 좋은 것이 아니랍니다. 크기에 상관 없이 알이 꽉 차 있으면서 투명하고 색상이 지나치게 빨갛지 않아야 하며, 껍질이 얇을수록 좋은 품질의 명란젓이에요.

1. 명란젓은 껍질을 갈라 알만 발라 두고, 김은 가로*세로 각각 0.5cm가 되도록 가위로 잘라주세요.

2. 볼에 달걀 노른자와 설탕을 넣어 거품기로 고루 섞다가 참기름을 더해 계속 섞어요.

3. 여기에 박력쌀가루와 베이킹파우더를 체에 내려 더하고 주걱으로 고루 섞어요.

반죽이 한 덩어리로 잘 뭉쳐지지 않으면 우유를 10g 정도 더해주세요.

4. 가루들이 보슬보슬 해지면 명란젓과 김을 더해 섞고, 반죽을 한 덩어리로 뭉쳐요.

5. 한 덩어리로 뭉친 반죽을 비닐에 넣고 냉장고에서 30분~1시간 정도 넣어두어요.

얇게 밀어 줄수록 더욱 바삭한 쿠키로 구워진답니다.

6. 꺼낸 반죽을 밀대로 두께가 0.5cm 정도가 되도록 밀어요.

7. 칼로 정삼각형 모양이 되도록 잘라요.

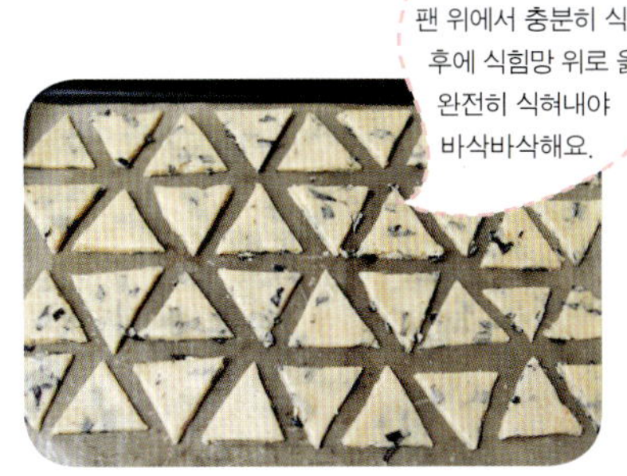

오븐에서 꺼내어 팬 위에서 충분히 식힌 후에 식힘망 위로 옮겨 완전히 식혀내야 바삭바삭해요.

8. 한 조각씩 간격을 조금 띄워 유산지나 데프론시트를 깔아둔 쿠키팬 위에 올리고 170℃로 예열한 오븐에서 18~20분간 구워내요.

아몬드 비스코티

오독오독 씹히는 맛이 일품인
비스코티(Biscotti)는 이탈리아어로
'두 번 굽는다'는 뜻이예요.
반죽을 해서 한 번 구워낸 뒤 먹기좋게 잘라서
한 번 더 구워 만들기 때문이지요.
버터 대신 아몬드 자체의 유지방을 이용해
더욱 건강하고 담백하게 만들어 보아요.

12개 분량

- ☐ 통아몬드 50g
- ☐ 달걀 2개
- ☐ 설탕 70g
- ☐ 바닐라엣센스 1/2작은술
- ☐ 박력쌀가루 180g
- ☐ 아몬드가루 60g
- ☐ 베이킹파우더 1/2작은술
- ☐ 소금 2/3작은술

♥ 통아몬드 대신 아몬드 슬라이스를 이용해도 좋아요. 호두나 피칸, 잣, 피스타치오 등 다양한 견과류를 활용해서 만들어 보도록 해요.

1. 통아몬드는 미리 180℃로 예열된 오븐에 넣어 5분간 굽고 식혀두어요.

2. 볼에 달걀을 풀어주다가 분량의 설탕과 바닐라엣센스를 더해 계속 섞어요.

3. 다른 볼에는 박력쌀가루와 아몬드가루, 베이킹파우더, 소금을 모두 섞어 체에 내려 두어요.

4. ❷에서 풀어둔 달걀을 ❸에 더해 주걱으로 날가루가 보이지 않도록 섞어요.

5. 미리 구워둔 아몬드를 더해 한 번 더 섞어요.

6. 완성된 반죽을, 긴 타원형 모양으로 만들어 180℃로 예열된 오븐에서 20~25분간 구워내요.

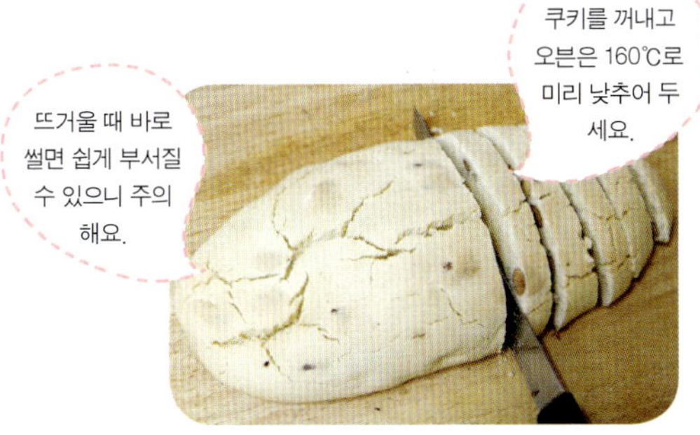

7. 10분 정도 실온에서 식혀두었다가 1~1.5cm 두께로 썰어요.

8. 썰어낸 쿠키를 160℃로 낮춰둔 오븐에 넣어 10분간 구워낸 후에 뒤집어서 5분간 더 구워내요.

저칼로리귀리쿠키

우리의 강정과 비슷한 방법으로 만들지만,
쌀가루도, 버터도 없이
오로지 귀리(오트밀)로만 구워요.
때문에 쌀가루가 떨어졌을 때도
요긴하게 만들어 먹을 수 있답니다.
식이섬유가 풍부한 오트밀로
맛있게 먹고 예뻐지자구요!

10~12개 분량

- ☐ 오트밀 140g
- ☐ 견과류 60g
  (호두분태, 아몬드 슬라이스, 호박씨 등)
- ☐ 소금 1/2작은술
- ☐ 달걀 1개
- ☐ 황설탕 50g
- ☐ 꿀 30g
- ☐ 바닐라엣센스 1/4작은술
- ☐ 포도씨유 25g
- ☐ 건포도 20g

♥ **다양한 활용법**

오트밀에 달지 않은 시리얼이나 초코칩, 말린 과일들을 더해 만들어도 좋아요. 취향에 따라, 냉장고 속 재료들을 다양하게 활용해 보세요.
요거트에 곁들여 그래뉼라처럼 드셔도 맛있답니다.

♥ **포장팁**

한 번에 넉넉히 만들어 낱개 포장해 냉동실에 얼려두면 매일 하나씩 꺼내먹기 좋아요. 선물할 때에는 서너 개씩 쌓아 종이끈으로 리본을 매어 내면 예쁘답니다.

1. 오트밀과 호두 다진 것, 나머지 준비한 견과류를 모두 섞어요.

2. 마른 팬에 ❶의 재료를 모두 넣고 소금을 더해 약불에서 볶은 후 잠시 식혀두어요.

3. 오트밀이 식는 동안 볼에 달걀과 황설탕, 꿀, 바닐라엣센스를 모두 넣고 설탕이 잘 녹도록 휘휘 저어주어요.

4. 거품이 생기면서 설탕이 적당히 녹으면 포도씨유를 넣고 한 번 더 골고루 섞어주면 되어요.

5. 볶아서 식혀둔 오트밀과 견과류, 건포도를 모두 넣고 주걱으로 고루 섞어 오트밀에 수분이 고루 스며들도록 해요.

6. 수저로 한 큰술씩 떠서 넓게 팬에 올려주세요. 두께는 1cm가 넘지 않도록 합니다. 180℃로 예열된 오븐에서 13~15분간 구워내면 완성이랍니다.

스트로이젤쿠키

'스트로이젤(streusel)' 이란 반죽을 손으로 비벼 부슬부슬 거칠게 구워 만드는 것을 말해요.
간단한 재료 만큼이나 만들기도 쉬워서 누구나 맛있게 만들 수 있어요.

9개 분량

- ☐ 박력쌀가루 50g
- ☐ 흑설탕 50g
- ☐ 아몬드가루 50g
- ☐ 소금 1/4작은술
- ☐ 버터 50g

180℃ 15~18분 굽기

♥ 고소한 맛을 더 내고 싶다면 견과류를 잘게 다져 더해주거나, 땅콩 버터와 일반 버터를 반반씩 섞어 만들어도 좋아요.

1. 버터를 제외한 모든 재료를 섞어 체에 내려두어요.

2. 차가운 버터를 깍뚝썰기해 더하고 스크래퍼나 주걱을 이용해 버터를 자르듯 섞어 덩어리 없이 부슬부슬하게 만들어요.

오븐에서 꺼내 바로 손대면 쉽게 부서지지만, 식으면서 단단하고 바삭하게 굳는답니다.

3. 오븐팬 위에 원형틀을 이용해 1.5큰술씩 떠 넣고 흐트러지지 않도록만 살짝 눌러 주세요.

4. 180℃로 예열된 오븐에서 15~18분간 구워내고, 실온에서 틀째로 완전히 식힌 후에 꺼냅니다.

코코넛 마카롱

달걀 흰자가 많이 남았을 때
간편히 만들기 좋은
코코넛 마카롱이예요.
겉은 바삭하고
속은 쫄깃쫄깃하면서도
코코넛 특유의 고소함에
자꾸만 손이 간답니다.
초보자도 누구나 실패 없이
만들 수 있는 간단한 레시피예요.

25~30개 분량

☐ 달걀 흰자 2개
☐ 설탕 80g
☐ 포도씨유 1작은술
☐ 바닐라엣센스 1/2작은술
☐ 박력쌀가루 15g
☐ 소금 1/3작은술
☐ 코코넛채 200g

♥ 오븐에서 꺼내고 바로 만지면 깨지기 쉬워요. 팬 위에서 충분히 식혀준 후에 식힘망으로 옮겨 식혀내도록 해요.

♥ 코코넛 마카롱은 오래 두면 바삭한 맛이 덜해져요. 때문에 선물할 때에는 실리카겔을 함께 넣어 포장하면 눅눅해지는 걸 방지해 준답니다.

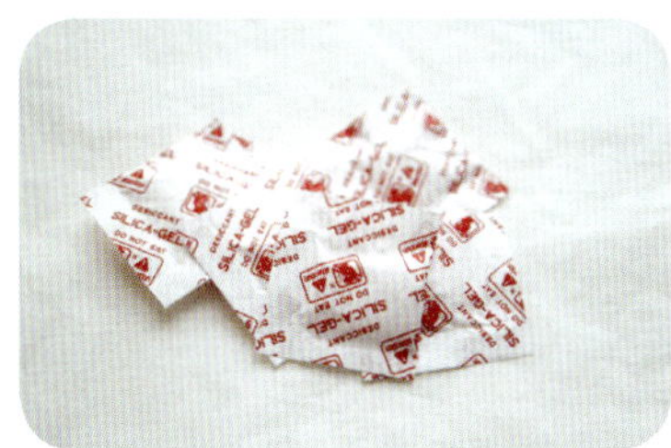

1. 달걀 흰자를 거품기로 저어 멍울을 풀어주다가 설탕과 포도씨유, 바닐라엣센스를 차례대로 더해 거품기로 고루 섞고, 마지막으로 박력쌀가루와 소금을 체에 내려 더해요.

2. 코코넛채를 넣고 달걀 흰자가 고루 스며들 때까지 섞은 다음 랩을 씌워 냉장고에 30분~1시간 정도 넣어 두어요.

3. 한 숟가락씩 덜어내 양 손바닥으로 둥글게 뭉친 후에 쿠키 팬 위에 올려 170℃로 예열된 오븐에서 15~18분간 구워내요.

새콤달콤 고소한

아몬드잼쿠키

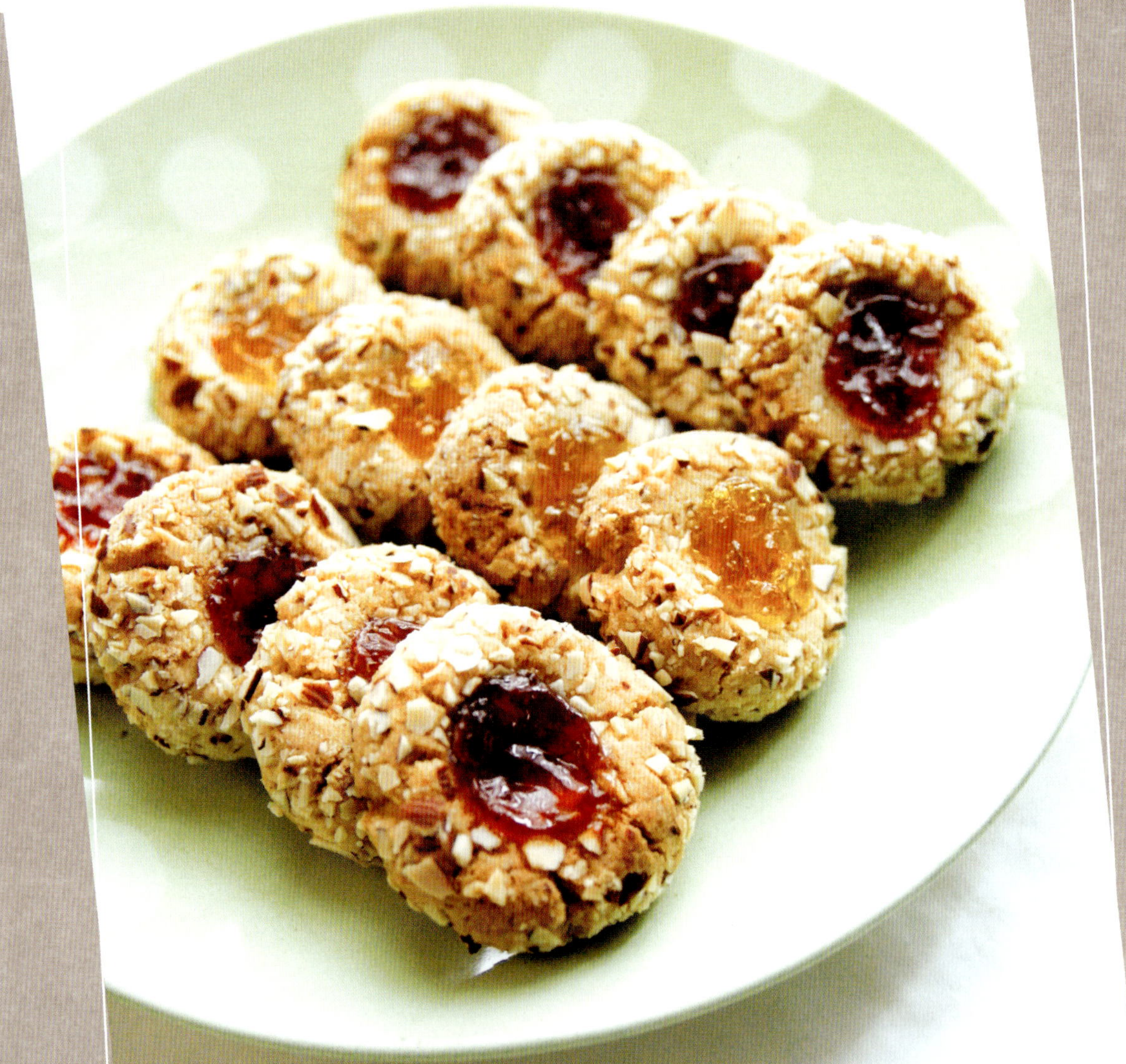

쿠키의 가운데는 과일잼으로 새콤달콤함을,
가장자리는 다진 아몬드로 바삭하고 고소함을 꽉꽉 채워 굽는 잼쿠키예요.
좋아하는 과일잼으로 다양하게 만들어 보세요.

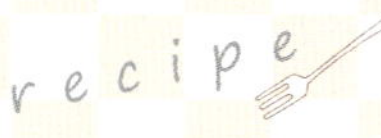

20개 분량

☐ 땅콩버터 30g
☐ 버터 70g
☐ 설탕 40g
☐ 달걀 1/2개
☐ 바닐라엣센스 1/2작은술
☐ 박력쌀가루 110g
☐ 아몬드파우더 20g
☐ 소금 1/4작은술
☐ 베이킹파우더 1/4작은술
☐ 슬라이스 아몬드 40g
☐ 과일잼 5~6큰술

180℃ 15~18분 굽기

♥ 시중에 파는 잼처럼 맛있는 딸기잼 만들기

☐ 딸기 1㎏   ☐ 레몬 1/2개
☐ 설탕 250g   ☐ 물 3큰술

❶ 딸기는 흐르는 물에 깨끗이 씻어 물기를 없앤
   뒤 꼭지를 따서 준비해 두어요.
❷ 레몬은 레몬즙 짜개로 즙을 내어 주세요.
❸ 냄비에 먼저 분량의 딸기와 설탕, 레몬즙, 물
   을 넣고 15분 정도 끓여요. 끓이는 동안 생기
   는 거품은 계속 걷어내 주어야 깨끗하고 선명
   한 잼으로 만들 수 있어요.
❹ 체에 받쳐 딸기즙은 받아내고 걸러진 건지는
   따로 두어요.
❺ 냄비에 딸기즙만 먼저 넣고 중간불에서 20분
   간 저어가며 눌지 않게 끓여요.
❻ 여기에 걸러 놓은 건지를 마저 넣고 5분 정도
   더 끓여내요.

1. 실온의 땅콩버터와 버터를 볼에 담고
거품기로 부드럽게 풀어주다가 설탕을
더해 크림처럼 만들어요.

2. 미리 풀어둔 실온의 달걀을 더해 분리
되지 않도록 섞고, 바닐라엣센스도 더
해 주세요.

3. 박력쌀가루와 아몬드파우더, 소금, 베
이킹파우더를 모두 섞어 체에 내려 넣
고, 주걱으로 섞은 반죽 덩어리를 비닐에 넣
어 냉장고에 1시간 정도 넣어 두세요.

4. 반죽을 냉장고에 넣어둔 동안 슬라이
스 아몬드는 곱게 다져두어요.

5. 냉장고에서 휴지시킨 반죽을 15g씩 떼
어 양 손바닥으로 둥글게 뭉친 후, 손
의 열기로 겉만 살짝 녹인 반죽을 다진 아몬
드 위에 굴려요.

6. 반죽을 둥글납작하게 손바닥으로 살짝
눌러 유산지나 데프론시트를 깐 쿠키팬
위에 올린 후, 검지를 이용해 가운데에 잼을
짜 넣을 홈을 만들어 주세요.

7. 비닐에 잼을 담고 끝을 조금 잘라 잼을
짜 넣고 미리 예열해 둔 180℃ 오븐에
넣어 15~18분간 구워내요.

행운을 선물합니다

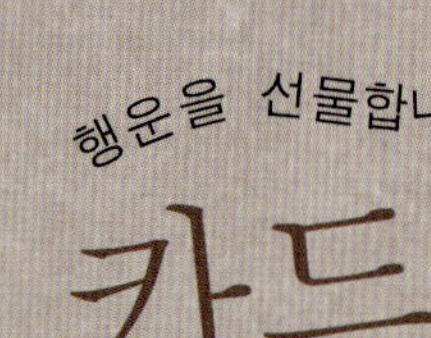

카드쿠키

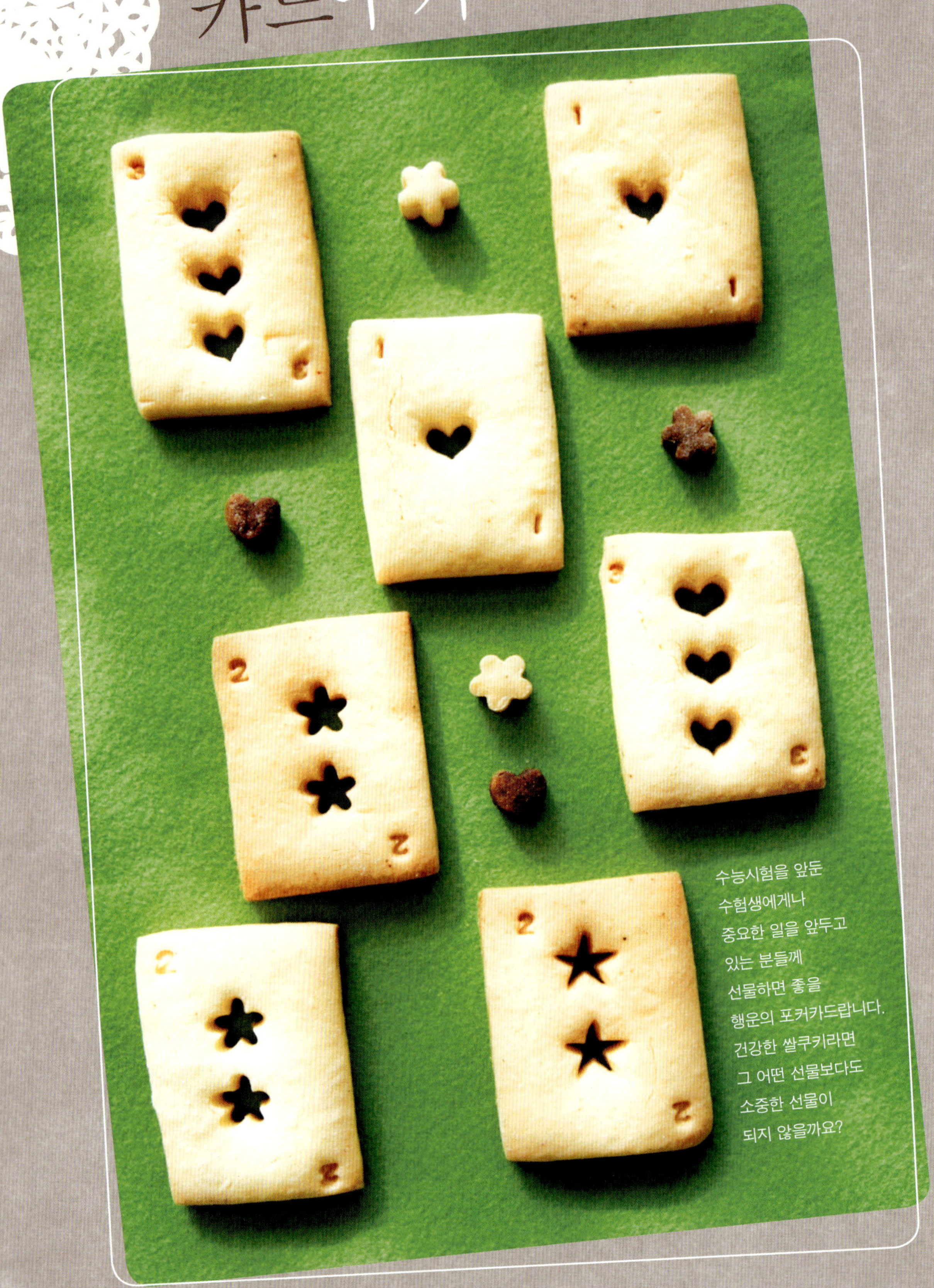

수능시험을 앞둔
수험생에게나
중요한 일을 앞두고
있는 분들께
선물하면 좋을
행운의 포커카드랍니다.
건강한 쌀쿠키라면
그 어떤 선물보다도
소중한 선물이
되지 않을까요?

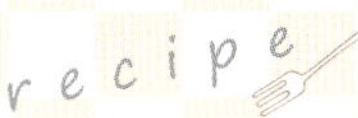

 **24개 분량**

· 반죽
- [ ] 버터 60g
- [ ] 슈거파우더 60g
- [ ] 달걀 1개
- [ ] 바닐라오일 1/2작은술
- [ ] 박력쌀가루 170g
- [ ] 소금 1/3작은술
- [ ] 베이킹파우더 1/4작은술

· 초코아이싱
- [ ] 슈거파우더 30g
- [ ] 코코아가루 3g
- [ ] 물 1/2큰술

 **170℃ 15분 굽기**

 **♥ 포장팁**

혹시라도 깨지면 액운이 따를까봐 두꺼운 금박 종이를 덧대어 하나씩 낱개로 포장해 보았어요. 이렇게 포장하면 쿠키를 보호하는 효과도 있지만, 별다른 포장 기술 없이도 예쁘게 포장할 수 있거든요.

1. 볼에 실온의 버터를 크림처럼 부드럽게 만들고, 슈거파우더를 2~3번 나누어 더해가며 섞어요.

2. 실온의 달걀과 바닐라오일을 차례로 더해 분리되지 않도록 계속 섞어요.

3. 체에 2~3번 내린 박력쌀가루와 소금, 베이킹피우더를 모두 더하고 날가루가 보이지 않도록만 주걱으로 대강 섞어요.

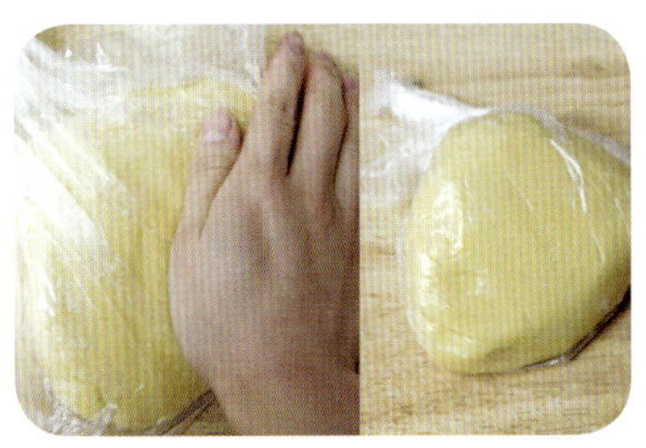

4. 반죽을 비닐에 담은 채로 손으로 뭉쳐 힌 덩어리가 되도록 하고, 비닐을 밀봉해 냉장고에 넣어 1시간 동안 휴지시켜요.

5. 휴지시킨 반죽은 위아래 모두 덧가루를 뿌리고 밀대를 이용해 0.5cm 두께로 만든 후, 2.5*4cm 크기의 사각형으로 잘라요.

6. 잘라낸 반죽의 가운데를 작은 모양틀로 찍어주고, 170℃로 예열한 오븐에서 15분간 구워낸 후 식힘망에서 충분히 식혀요.

7. 아이싱 재료를 모두 볼에 담고 고루 섞어 주세요.

8. 짤주머니에 담아 완전히 식힌 쿠키 위에 숫자를 써주면 더욱 그럴 듯한 카드 모양으로 만들 수 있어요.

별 마카롱

쿠키에도 하얗게 눈이 내렸어요!
달걀 흰자와 아몬드가루, 유기농 설탕만으로 만드는 저탄수화물 쫀득한 프랑스식 마카롱이랍니다.

25개 분량

- ☐ 아몬드파우더 200g
- ☐ 계피가루 1/3작은술
- ☐ 달걀 흰자 40g(달걀 1개 분량)
- ☐ 유기농 설탕 90g
- ☐ 레몬즙 1작은술

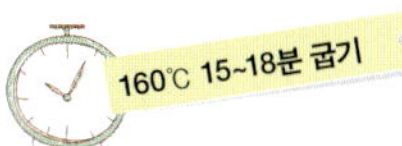

♥ 별 마카롱은 곡물 가루가 전혀 들어가지 않아 쉽게 눅눅해 질 수 있으니 만든 후 되도록 빨리 드시는 게 좋아요.
비닐로 낱개 포장하고 상자 바닥에 방습제를 함께 넣어 포장하면 바삭함을 오래도록 유지하는 데 도움이 될 거예요.

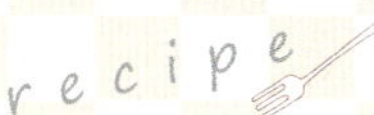

1. 분량의 아몬드파우더와 계피가루를 섞어 체에 내려 주세요.

2. 볼에 달걀 흰자를 넣고 핸드믹서로 거품을 내는데, 설탕을 3~4번 나누어 더해가며 단단한 머랭을 만들어요. 레몬즙은 고무주걱으로 바닥에서 퍼올리듯 섞어 마무리해요.

3. 아이싱용으로 2큰술을 덜어두어요.

4. ❸의 나머지에 ❶의 아몬드파우더와 계피가루 섞은 것을 체에 한 번 더 내려 더하고, 주걱을 세워 섞어 한 덩어리로 만들어요.

5. 비닐 주머니에 넣고 밀대로 4mm 두께로 밀어준 뒤, 냉장고에서 1시간 동안 휴지시켜요.

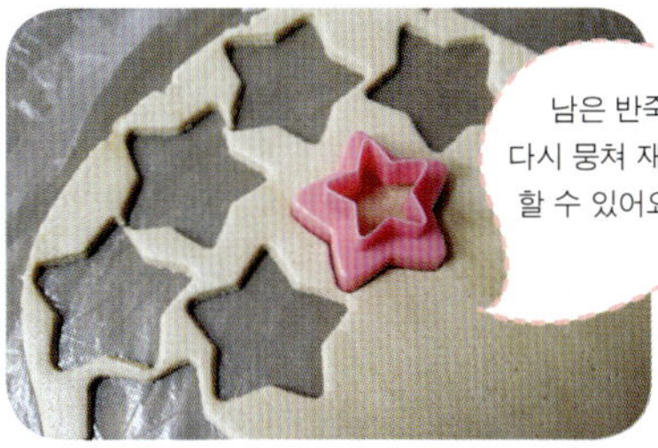

6. 오븐은 160℃로 예열하고, 비닐은 한쪽 면을 가위로 잘라낸 뒤 별 모양 쿠키 커터로 찍어내요.

7. 유산지를 깐 팬에 찍어낸 반죽을 올리고, ❸에서 남겨 둔 머랭을 붓으로 표면에 고루 발라주세요.

8. 160℃로 예열해 둔 오븐에서 15~18분간 구워내요.

찹쌀츄로스

츄로스(churros)는 놀이공원의 인기 간식 중 하나이지요!

그런데 겉은 바삭, 속은 쫄깃한 츄로스는 기름에 튀겨서 만들어야 하기에 칼로리가 높을 수밖에 없어요.

그래서 보다 더 맛있으면서도 날씬하고 싶은 저를 위한 간식을 만들게 되었답니다.

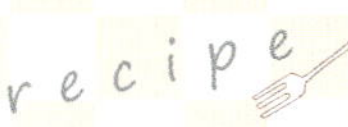

10~12개 분량

• 반죽
- [ ] 박력쌀가루 200g
- [ ] 건식 찹쌀가루 50g
- [ ] 계피가루 2/3작은술
- [ ] 우유 160g
- [ ] 버터 80g
- [ ] 소금 2/3작은술
- [ ] 설탕 1큰술
- [ ] 달걀 2개

• 토핑
- [ ] 올리고당 1/2컵
- [ ] 황설탕 2큰술
- [ ] 백설탕 1큰술
- [ ] 계피가루 1작은술

180℃ 25분 굽기

♥ 아침식사나 간식으로 먹는 에스파냐의 전통 요리 중 하나인 츄로스는 버터와 소금, 밀가루를 넣은 반죽을 올리브유에 튀겨 만든답니다. 설탕이나 계피가루를 곁들이기도 하지만 '초콜라 테 콘 츄로스(chocolate con churros)'라고 하여 초 콜릿에 찍어 먹기도 하지요.

1. 볼에 박력쌀가루와 건식 찹쌀가루, 계피 가루를 모두 섞어 체에 미리 내려둬요.

2. 소스용 팬에 우유와 버터, 소금과 설탕 을 모두 넣고 약불에서 저어가며 우유 가 끓어오를 때까지만 끓여요.

3. 우유가 끓어 오르면 뜨거울 때에 바로 ❶에 부어 주걱으로 고루 섞어주세요.

4. 날가루가 보이지 않도록 섞이면 미리 풀어둔 실온의 달걀을 더해 주걱으로 섞어요.

5. 빠르게 5분 정도 저어 뭉쳐 있는 가루 없이 아이스크림이 녹은 듯한 찰기가 생기도록 반죽해요. 반죽이 완성되면 랩을 씌워 냉장고에서 30분간 휴지시켜요.

6. 휴지시킨 반죽을 별 모양 깍지를 끼운 짤 주머니에 넣어 유산지를 깐 오븐 팬 에 길게 짜고, 180℃로 예열한 오븐에서 25 분간 구워내요.

기름에 튀기지 않아 겉면에 수분이 적어 올리 고당이나 꿀을 발라주어야 설탕을 묻힐 수 있어요. 올리고당은 꿀보다 당도가 낮고, 칼로리가 적어요.

7. 갈색이 나도록 구워지면 꺼내어 올리고 당을 고루 발라주세요.

8. 황설탕과 백설탕, 계피가루 섞은 것에 굴려 고루 묻혀내요.

메리 크리스마스!

초코코팅쿠키

진한 다크 초콜릿으로 코팅한 쌀가루 버터쿠키예요.
쿠키 하나만으로도 달콤쌉쌀한 크리스마스 분위기가 한껏 살아난답니다.

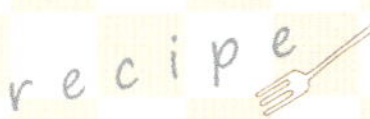

12개 분량

・반죽
- □ 버터 130g
- □ 설탕 90g
- □ 달걀 1개
- □ 바닐라오일 1/2작은술
- □ 박력쌀가루 250g
- □ 아몬드가루 50g
- □ 소금 1/2작은술 2g
- □ 여분의 박력쌀가루 약간

・초코 코팅
- □ 코팅용 디크초콜릿 200g

・크리스마스 모양 쿠키틀

170℃ 15~18분 굽기

♥ 크리스마스 느낌을 더욱 살려주기 위해 화이트 상자에 빨간 라피아 종이끈으로 묶어 포장해 보았어요. 종이끈 대신 빨간 털실을 이용해 리본으로 묶어도 예쁘답니다.

♥ 모양 쿠키틀

월튼에서 만들어진 푸쉬앤프린트 커터세트(스노우)를 이용했어요.
쿠키틀은 반드시 같은 제품이 아니더라도 여러가지 크리스마스 모양틀을 이용해 쿠키를 굽고, 뒷면에 초코 코팅을 입혀 다양한 모양으로 재미나게 만들어 보면 더 좋을 거예요.

1. 실온의 버터를 부드럽게 풀다가 설탕을 나누어 넣어가며 크림처럼 만든 후, 달걀과 바닐라오일도 더해 마저 섞어요.

2. 박력쌀가루, 아몬드가루, 소금을 체에 내려 더하고 주걱을 세워 부슬부슬한 소보로처럼 되도록 섞어요.

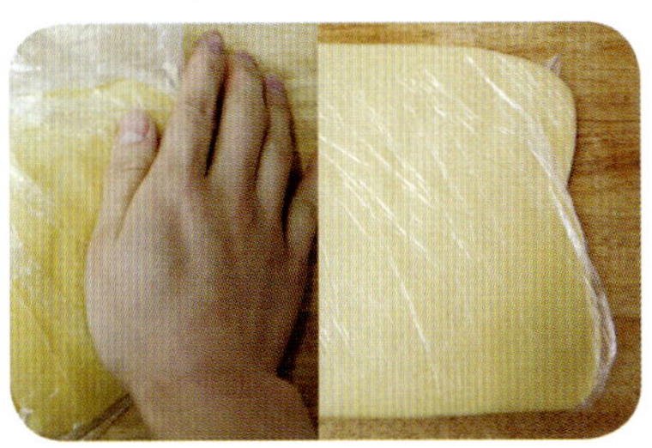

3. 비닐봉지에 반죽을 담고 손바닥으로 눌러가며 한 덩어리로 뭉친 후에, 밀대로 밀어 넓게 펴고 냉장고에서 1시간 동안 휴지시켜요.

4. 반죽이 단단해지면 꺼내어 비닐을 벗기고 밀대로 한 번 더 밀어 두께가 0.5cm가 되도록 해요.

5. 쿠키틀에 여분의 박력쌀가루를 묻혀 반죽에 들러붙지 않도록 찍어내, 데프론 시트나 유산지를 깐 쿠키팬 위에 올려 170℃로 예열한 오븐에서 15~18분간 구워내요.

6. 구워낸 쿠키는 틀째로 한김 식히고 식힘망 위로 옮겨 속까지 완전히 식혀내요.

7. 쿠키를 식히는 동안 분량의 다크초콜릿을 중탕으로 녹여요.

8. 충분히 식힌 쿠키를 뒤집어 놓고 완전히 녹인 초콜릿을 부어 뒷면과 양 옆면에만 초콜릿을 코팅해요. 냉장고에 넣어 초콜릿을 완전히 굳혀내세요.

겹겹이 쌓인 달콤함

캐러멜초코타일쿠키

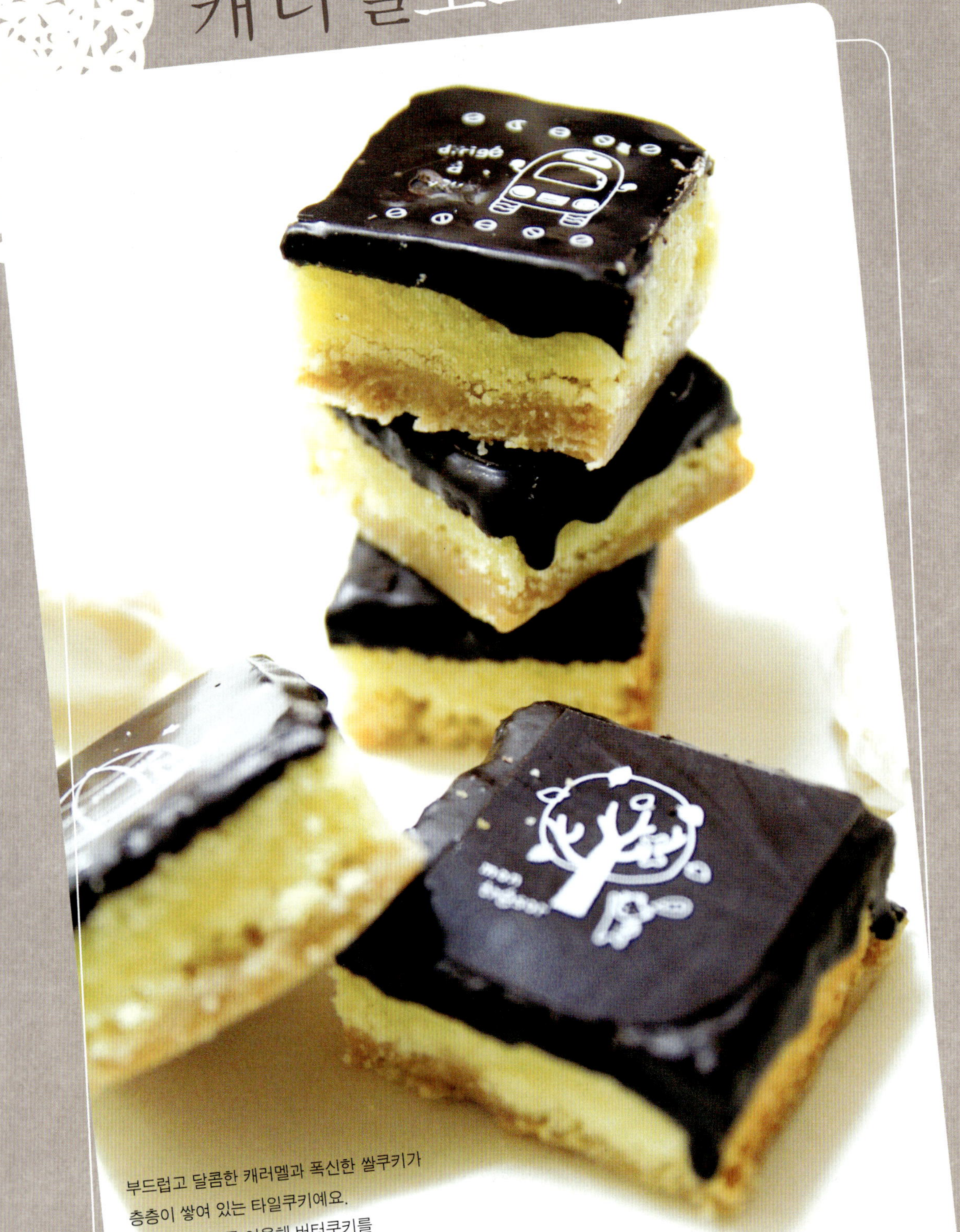

부드럽고 달콤한 캐러멜과 폭신한 쌀쿠키가
층층이 쌓여 있는 타일쿠키예요.
푸드프로세서를 이용해 버터쿠키를
보다 간편히 만드는 법을 알려드릴게요.

사각틀 2호 1개(쿠키 16개 분량)

• 쿠키
- □ 버터 85g
- □ 생크림 60g
- □ 설탕 50g
- □ 박력쌀가루 130g
- □ 아몬드가루 30g
- □ 바닐라오일 1/2작은술
- □ 소금 1/4작은술(1g)

• 캐러멜
- □ 흑설탕 10g
- □ 비터 15g
- □ 연유 200g

• 장식
- □ 코팅용 다크초콜릿 100g
- □ 장식용 전사지

1. 푸드프로세서에 깍뚝썰기한 버터와 나머지 쿠키 재료를 모두 넣고 돌려 뭉치기 시작하면 멈춰요.

2. 소보로처럼 뭉친 반죽을 코팅이 잘 된 사각틀에 담고 주걱으로 꾹꾹 눌러준 뒤, 170℃로 예열된 오븐에서 20~25분간 구워내 틀째 식혀요.

3. 코팅이 잘 된 소스용 팬에 흑설탕 10g과 버터 15g을 넣고 젓지 말고 그대로 끓여 설탕이 충분히 녹도록 해요.

4. 설탕 입자가 녹으면 분량의 연유를 넣고 중불에서 저어가며 졸여내요.

5. 수분이 충분히 날라가 끈끈한 상태가 되면 불을 꺼요.

6. 미리 구워 식혀둔 쿠키 위에 불에서 내린 캐러멜을 그대로 부어 담아 평편하게 다듬고, 그대로 식혀 캐러멜이 완전히 굳도록 해요.

7. 캐러멜이 어느 정도 굳어 손에 들러붙지 않게 되면 틀에서 분리해 꺼내고, 16조각으로 잘라요.

8. 볼에 코팅용 다크초콜릿을 중탕으로 녹여 준비해요.

9. 아래쪽의 캐러멜이 위로 오도록 잡고 녹인 초콜릿을 쿠키에 묻혀주고, 초콜릿이 위로 오도록 다시 뒤집어 놓아요.

10. 초콜릿이 굳기 전에 미리 잘라둔 전사지를 올려 냉장고에서 10분 이상 식히고, 전사지 비닐을 떼어내요.

♥ 비닐 밀봉기를 이용해 포장하면 과자가 눅눅해지는 것도 막아주고, 하나씩 들고 먹기에도 편해요.

홈메이드 연유캐러멜

부드럽고 달콤한 캐러멜을
집에서 직접 만들어 보아요.
만드는 법도 간단할 뿐만 아니라,
입이 심심할 때에는 훌륭한 간식이랍니다.

- ☐ 흑설탕 10g
- ☐ 버터 15g
- ☐ 연유 200g

1. 끓여낸 캐러멜(p.97)은 유산지나 데프론 시트 위에서 그대로 식혀두었다가 손에 들러붙지 않게 되면 길게 늘여 모양을 잡고 그대로 완전히 굳혀내요.

2. 굳은 뒤 칼로 1cm 두께로 썰어내고

3. 유산지를 잘라 사탕처럼 포장하면 완성이에요.

월병

월병은 밀가루 반죽 속에 팥소와 말린 과일을 넣어 만드는 중국의 전통 과자예요.
주로 음력 8월 15일에 둥근 달을 상징해서 둥글게 만드는데,
가까운 이웃과 서로 나누어 먹으며 행복을 빈다고 해요.
월병은 삼국시대 유비가 손권의 여동생에게 청혼키 위해서 선물했다는 고사가 있을 만큼
중국의 황실에서는 귀한 선물로 중요하게 쓰였던 역사가 오래된 과자이기도 한데요,
우리는 쌀가루로 정성에 건강까지 더해 만들어 보아요.

18~20개 분량

· 반죽
- [ ] 버터 60g
- [ ] 설탕 100g
- [ ] 달걀 2개
- [ ] 꿀 40g
- [ ] 바닐라엣센스 1/2작은술
- [ ] 강력쌀가루 200g
- [ ] 박력쌀가루 100g
- [ ] 소금 1/2작은술
- [ ] 전분가루 1작은술

· 소
- [ ] 견과류 80g
- [ ] 말린 과일 80g
- [ ] 코코넛채 15g
- [ ] 백앙금 220g

· 달걀물
- [ ] 달걀 노른자 1개
- [ ] 설탕 1작은술
- [ ] 우유 1/2큰술

❤ 월병은 월병틀이 있어야 만들 수 있어요. 제가 사용한 틀은 〈베이킹스타〉에서 구입했어요.
베이킹스타 〉 www.bakingstar.com

1. 실온의 버터를 부드럽게 크림화해준 뒤 설탕을 조금씩 넣어가며 계속 섞어요. 실온의 달걀을 더해 분리되지 않도록 고루 섞어주다가 분량의 꿀과 바닐라엣센스도 넣어 저어주세요.

2. 강력쌀가루와 박력쌀가루, 소금, 전분가루를 모두 체에 내려 더해요. 주걱으로 날가루가 없을 때까지 고루 반죽한 뒤, 비닐에 담아 냉장고에 1시간 정도 넣어두어요.

3. 반죽을 휴지하는 동안 소에 들어갈 견과류와 말린 과일을 준비해요. 잘게 다져서 준비해야 나중에 터지거나 갈라지지 않아요.

4. 다져 둔 속재료, 코코넛채, 백앙금을 모두 섞어 소를 만들어요.

5. 완성된 소를 20g씩 나누어 둥글게 뭉쳐두고, 냉장고에 넣어두었던 반죽도 꺼내어 25g씩 동그랗게 뭉쳐두어요.

6. 반죽 위에 얇게 만들어 뭉쳐둔 소를 올리고, 동그랗게 빚은 다음 월병틀에 넣어 찍어냅니다.

7. 빚어낸 월병을 팬 위에 올리고, 달걀물 재료를 모두 섞어 윗면에 고루 발라주세요.

8. 180℃로 예열해 둔 오븐에서 18~20분간 구워내요.

슈크림

슈는 프랑스어로 '양배추'라는 뜻이에요.
구워냈을 때 부풀어 오른 모양이
양배추와 비슷하다고 해서
붙여진 이름이지요.
커스터드 크림이나 생크림을
차갑게 냉장고에 넣어두었다가
바삭한 슈 속에 가득 짜넣으면
아이스크림보다 더 부드러워요.

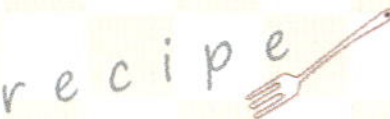

 **20개 분량**

• 반죽
☐ 물 120g
☐ 버터 40g
☐ 소금 1/4작은술
☐ 설탕 1/2큰술
☐ 박력쌀가루 75g
☐ 달걀 2~3개
☐ 베이킹파우더 1/2작은술

• 속
☐ 커스터드크림 100g
☐ 생크림 50g
☐ 설탕 1큰술

• 장식
☐ 슈거파우더 10g

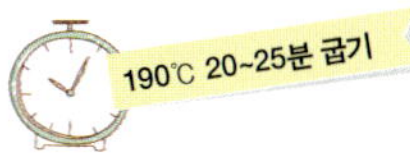
190℃ 20~25분 굽기

♥ 슈크림은 반죽을 얼마나 잘 만드느냐가 성공을 좌우해요. 한 김 식힌 반죽에 달걀을 넣고 섞을 때 절대로 한 번에 다 넣어 섞지 않도록 주의하도록 해요.
또 슈는 얇게 부풀어 오르기 때문에 쿠키팬 바닥의 열이 너무 세면 타버려요. 이럴 때는 쿠키팬을 두 겹으로 겹쳐 놓고 구우면 도움이 돼요.

1. 커스터드크림은 미리 만들어 냉장고에 넣어두어요.

2. 냄비에 물과 깍뚝 썬 버터, 소금, 설탕을 모두 넣고 약불에서 끓이다가 끓기 시작하면 불에서 내려요.

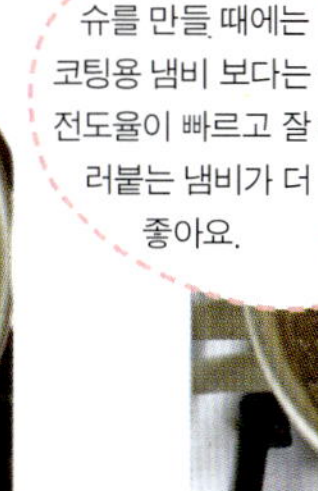

3. 여기에 박력쌀가루를 체에 내려 더하고, 반죽이 뭉치지 않도록 실리콘 주걱으로 가볍게 섞어 한 덩어리로 만들어요.

4. 냄비를 다시 중불에 올려 반죽을 앞뒤로 굴려가며 볶아 수분을 날려 주세요.

5. 볼에 반죽을 옮기고 1~2분 정도 식힌 후, 실온의 달걀을 미리 풀어서 조금씩 나누어 넣어가며 되직하게 섞어주세요.

6. 달걀은 반죽의 상태를 봐가며 조절해 넣어요. 실리콘 주걱으로 들어 올렸을 때 반죽 끝이 삼각형으로 떨어지는 정도가 제대로 완성된 것이에요.

7. 여기에 베이킹파우더를 체에 내리고 가볍게 섞어요.

8. 완성된 반죽을 8~10mm 정도의 둥근 깍지를 끼운 짤주머니에 담아요.

9. 스크래퍼나 주걱 끝으로 반죽을 앞으로 밀어 잘 나오도록 해요.

10. 유산지나 데프론시트를 깐 팬 위에 짤주머니를 수직으로 세워서 반죽을 짜요.

11. 짜놓은 반죽 표면에 분무기로 물을 충분히 뿌려요.

12. 190℃로 예열된 오븐에 넣어 20~25분간 구워내고, 다 구워지면 꺼내어 식힘망 위에 얹어 식혀요.

13. 차가운 생크림에 설탕을 나누어 넣어가며 단단하게 휘핑해요.

14. 여기에 미리 만들어 둔 커스터드크림을 섞어요.

15. 크림을 짤주머니에 모두 채워 담아요.

16. 반 또는 1/3 정도로 자른 슈에 커스터드크림과 생크림 섞은 것을 가득 짜 올리고 다시 뚜껑을 덮어요.

17. 완성된 슈크림 위에 슈거파우더를 뿌려 장식해요.

천년초 꽃한송이 쿠키

쌀가루에 천년초를 더해 고운 자연의 색을 그대로 담아 만드는 꽃모양 쿠키예요.
꽃처럼 마음이 예쁜 사람에게 선물해 주고 싶어요.

30개 분량

• 반죽
- [ ] 버터 100g
- [ ] 설탕 100g
- [ ] 소금 4g
- [ ] 달걀 1개
- [ ] 바닐라오일 1/2작은술
- [ ] 박력쌀가루 240g
- [ ] 베이킹파우더 2g
- [ ] 천년초가루 붉은색 4g
- [ ] 천년초가루 녹색 3g

• 반죽을 5(꽃) : 3(잎) 으로 나누어 두가지 색깔
  의 반죽을 만들 거예요.
- [ ] 꽃 반죽(약 310g) + 천년초가루(붉은색 열매가루) 4g
- [ ] 잎 반죽(약 190g) + 천년초가루(녹색 줄기가루) 3g

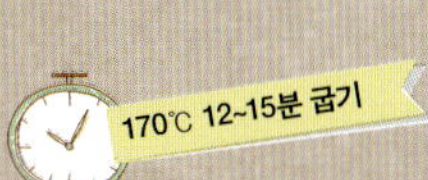

♥ 쿠키는 꽃과 잎을 각각 하나씩 세트로 쿠키 봉
투에 담아 포장하
구요.
쿠키 봉투가 여러
개 들어가는 조금
더 큰 비닐봉투에
담아 리본 하나만
달아주어도 예쁘
답니다.

1. 버터를 부드럽게 풀다가 설탕과 소금,
달걀, 바닐라오일 순으로 더해가며 크림
처럼 만들어요.

2. 박력쌀가루와 베이킹파우더를 체에 내
려 더해 주걱을 세워 날가루가 보이지
않도록만 섞고, 반죽을 5 : 3 으로 나누어요.

3. 꽃으로 구워낼 반죽(약 310g)에 붉은색
의 천년초 가루를, 잎으로 구워낼 반죽
에는 녹색 천년초가루를 더해 고루 색을 내
주세요.

4. 여분의 덧가루를 뿌리고 반죽을 두께
0.5cm 정도로 밀어준 뒤, 꽃 몰드로
찍어낸 반죽을 포크로 가운데 구멍을 내고
가장자리는 포크 끝으로 꽃잎 무늬를 한 번
더 찍어내 주세요.

5. 녹차 반죽도 덧가루를 뿌려 같은 두께
로 밀고 잎 모양 몰드로 찍어내 주세요.

6. 쿠키팬 위에 데프론시트를 깔고 간격을
띄워 올려준 뒤 170℃로 예열한 오븐에
서 12~15분간 구워내면 완성이예요.

빼 빼 로

소중한 사람에겐 언제나 더 좋은 것만 주고 싶잖아요.
늘 똑같은 빼빼로가 아닌 내 손으로 직접 만든 정성 가득한 빼빼로.
이 레시피만 있다면 매년 11월 11일이 무척이나 기다려질 거예요.

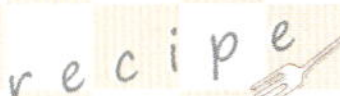

쿠키 반죽
- ☐ 버터 100g
- ☐ 설탕 75g
- ☐ 소금 4g
- ☐ 달걀 1개
- ☐ 바닐라오일 1/2작은술
- ☐ 박력쌀가루 240g
- ☐ 베이킹파우더 2g

빼빼로 장식
- ☐ 화이트초콜릿 400g
- ☐ 딸기초콜릿 100g
- ☐ 녹차가루 1작은술
- ☐ 장식용 스프링클 적당량

170℃ 13~15분 굽기

♥ 초콜릿 사인판을 이용하면 메시지가 새겨진 빼빼로도 만들 수 있답니다.
사인판은 베이킹스쿨 www.bakingschool.co.kr 에서 구입했어요.

♥ 초콜릿이 완전히 굳기 전에 미리 만들어 둔 사인판을 붙여주거나, 예쁜 색깔의 스프링클, 입속에서 톡톡 터지는 퍼핑스타 캔디를 이용해 장식해 보세요.

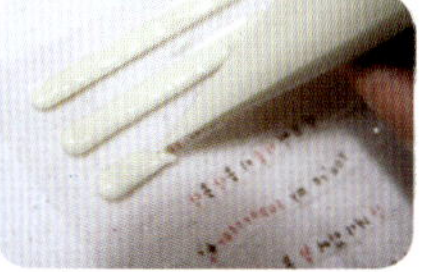

♥ **포장팁**
직접 만든 빼빼로 스틱은 시중의 빼빼로에 비해 쉽게 깨질 수 있어요. 때문에 포장할 때는 비닐을 이용하기 보단 단단한 플라스틱 상자에 하나씩 넣어 포장하는게 더 좋답니다. 플라스틱 상자에 하나씩 담고, 속이 보이는 예쁜 상자에 차곡차곡 채워 담으면 세상에 단 하나뿐인 빼빼로가 되지요.

1. 볼에 실온의 버터를 풀다가 설탕과 소금, 달걀, 바닐라오일을 차례대로 더해가며 크림처럼 만들어요.

2. 다른 볼에 박력쌀가루와 베이킹파우더를 체에 내리고, ❶에 더해 주걱을 세워 섞어요. 날가루가 보이지 않게 되면 손으로 재빨리 한 덩어리로 뭉친 후 비닐에 넣어 냉장고에서 30분간 휴지시켜요.

3. 단단해진 반죽을 밀대를 이용해 0.5cm 두께로 밀어요.

4. 칼로 길이 11cm, 폭은 0.5cm 정도로 잘라요.

5. 데프론시트를 깔아둔 쿠키팬에 올려 170℃로 예열한 오븐에서 13~15분간 구워내고 충분히 식혀두세요.

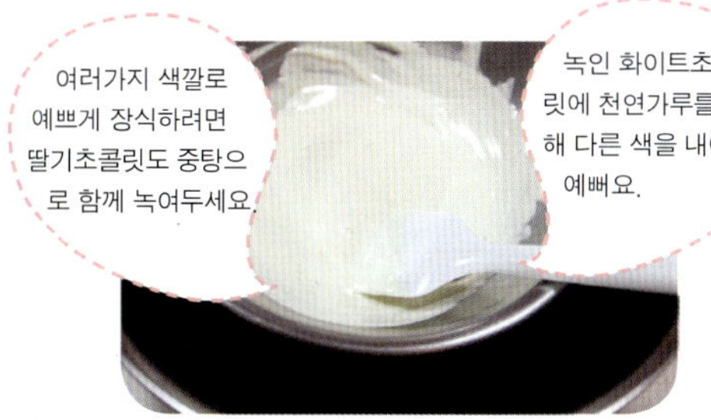

6. 쿠키를 식히는 동안 화이트초콜릿을 중탕으로 완전히 녹여요.

7. 완전히 식혀둔 빼빼로 스틱에 화이트초콜릿을 손잡이 부분만 남겨두고 고루 발라주세요.

8. 1회용 비닐 짤주머니에 딸기초콜릿 녹인 것 또는 천연가루를 섞어 만든 초콜릿을 담아 장식해요.

트리모양 녹차쿠키

크리스마스엔 반짝이는 트리를 빼 놓을 수
없지요.
올해는 나만의 특별한 트리를
만들어 보는 건 어떨까요?
눈으로 보기만 하는 트리가 아닌
맛있게 먹을 수 있도 있는
트리 모양의 녹차 쿠키랍니다.

 **25~28개 분량**

• 반죽
- [ ] 버터 120g
- [ ] 설탕 140g
- [ ] 소금 4g
- [ ] 달걀 1개
- [ ] 바닐라엣센스 1/2작은술
- [ ] 박력쌀가루 250g
- [ ] 녹차가루 10g

• 아이싱
- [ ] 달걀 흰자 1개
- [ ] 슈거파우더 160~180g
- [ ] 레몬즙 7g
- [ ] 장식용 스프링클 적당량
- [ ] 퍼핑스타 적당량

180℃ 15분 굽기

♥ 트리 모양 틀이 아닌 여러가지 모양 틀로 찍어 내 만들거나, 밀대로 반죽을 밀어준 뒤 칼로 네모 지게 잘라 구워내도 좋아요.
♥ 작은 그릇에 황설탕을 담고 화분을 만들어 트리 쿠키를 하나씩 꽂아주면 미니 트리가 된답 니다.
♥ 산타 할아버지가 그려진 비닐에 담아 포장하 면 선물하기에도 예뻐요.

1. 볼에 실온의 버터를 풀다가 설탕, 소금, 달걀, 바닐라엣센스 순서로 차례대로 더 해가며 크림처럼 만들고, 박력쌀가루와 녹차 가루를 체에 내려 더해 주걱으로 고루 섞어요.

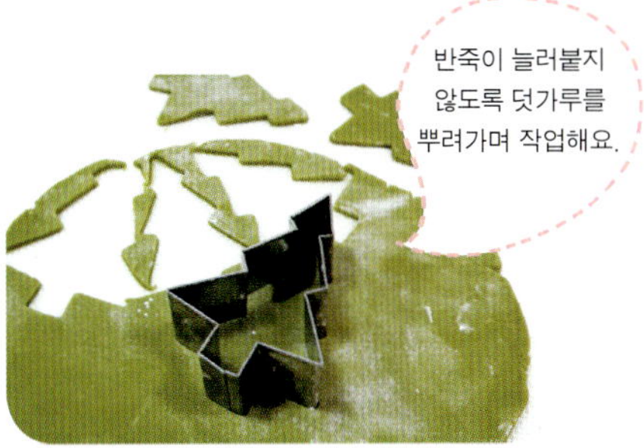

3. 반죽을 꺼내어 밀대로 두께 0.4cm 정 도가 되도록 밀고, 트리 모양 쿠키틀로 반죽을 찍어내요.

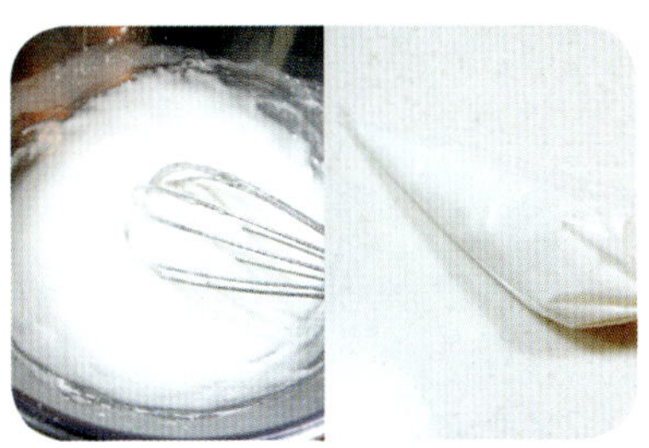

5. 달걀 흰자를 거품기로 풀어 거품이 나 기 시작하면 분량의 레몬즙을 더하고, 슈거파우더로 농도를 조절해 아이싱을 만든 다음 짤주머니에 담아요.

2. 반죽이 한 덩어리로 뭉쳐지면 비닐에 담아 냉장고에서 30분~1시간 정도 휴 지시켜요.

4. 데프론시트나 유산지를 깔아둔 오븐팬 에 올려 180℃로 예열된 오븐에서 15 분 정도 구워내요.

6. 다 구워진 쿠키는 식힘망 위에서 완전 히 식혀내고 아이싱을 지그재그로 그려 준 뒤, 마르기전에 스프링클이나 퍼핑스타등 을 이용해 자유롭게 올려 장식해요.

PART
03

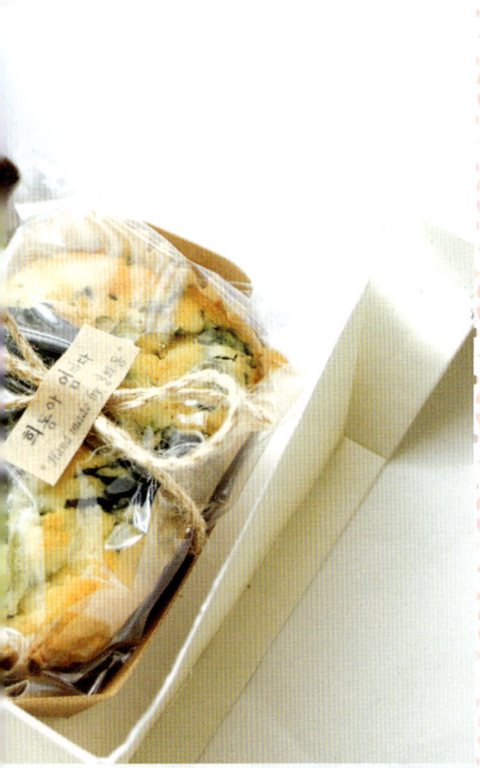

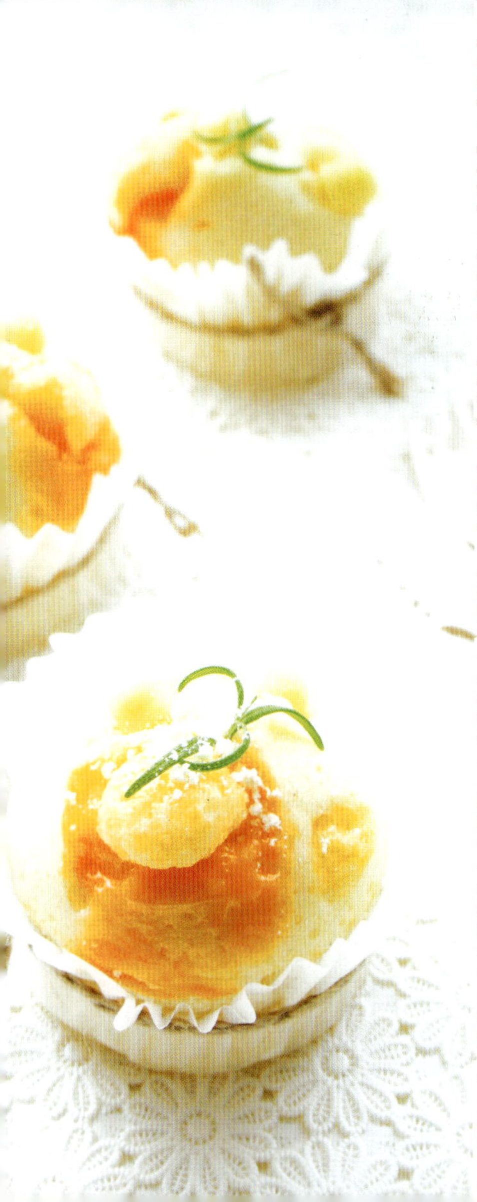

PART 03

찜케이크, 스콘, 브라우니, 케이크
Cake, scone, brownies

영양 가득한 건강만점 케이크를 소개합니다.
보기만 해도 예쁘고, 사랑스러운 쌀가루 케이크는 칼로리는 적으면서
영양은 풍부하고 맛도 더 좋답니다.
게다가 건강한 간식이 되어줄 스콘과 브라우니까지!
사랑과 정성이 담긴 건강한 쌀베이킹의 매력에 푹 빠져 보세요.

영양가득 찜케이크

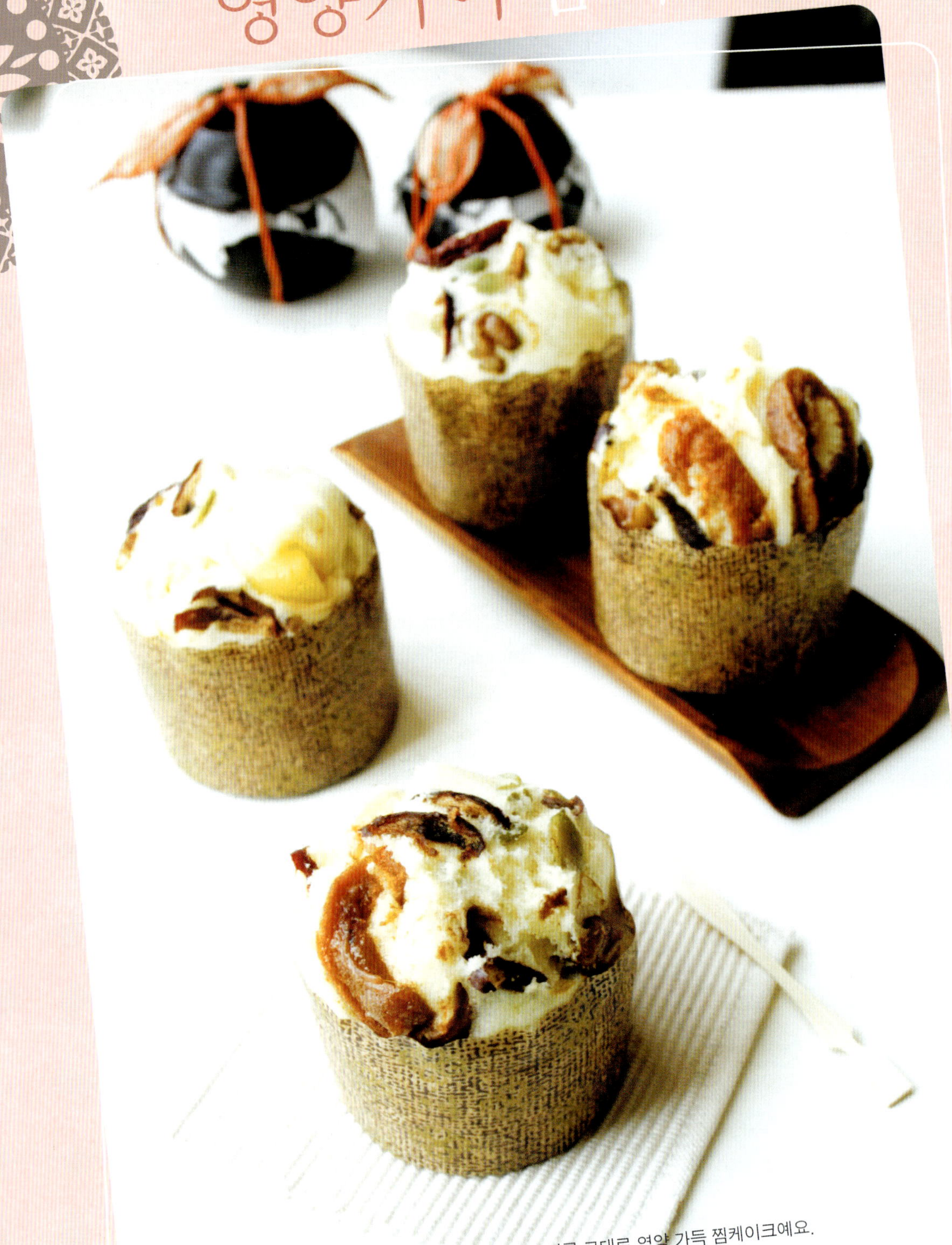

몸에 좋은 것만 넣어 오븐 대신 찜기로 폭신하게 쪄내는 이름 그대로 영양 가득 찜케이크예요.
어르신들께 선물해야 할 일이 생겼을 때 가장 먼저 생각나는 아이템이랍니다.
우유 한 잔 곁들여 먹으면 보약이 따로 없지요.

1. 먼저 토핑으로 올릴 재료들을 준비해 둡니다.

지름 6cm 종이 머핀컵 4개 분량

• 반죽

☐ 달걀 2개
☐ 설탕 60g
☐ 포도씨유 20g
☐ 우유 70g
☐ 박력쌀가루 150g
☐ 소금 1/3작은술 2g
☐ 베이킹파우더 1작은술

• 토핑

☐ 반건조 곶감 1개
☐ 대추 1개
☐ 호두 2개
☐ 통조림밤 2개
☐ 호박씨 1/2큰술

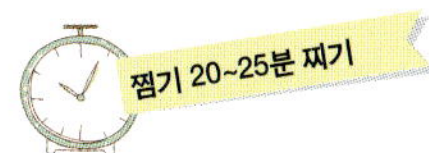

찜기 20~25분 찌기

♥ 갓 쪄낸 찜케이크는 촉촉하고 부드럽고요, 식으면서는 점점 더 쫄깃쫄깃해진답니다. 만들자마자 한김 충분히 식힌 후에는 반드시 비닐이나 랩으로 수분이 날아가지 않도록 잘 감싸 실온에 보관해 두어야 다음날까지도 맛있게 먹을 수 있어요.

2. 달걀을 먼저 풀고, 분량의 설탕을 더해 거품기로 고루 섞어요.

3. 분량의 포도씨유도 더해 계속 섞고요.

4. 우유도 넣어 마저 섞어줍니다.

5. 여기에 박력쌀가루와 소금, 베이킹파우더를 체에 2~3번 내려 섞고, 주걱을 가장자리 밑에서부터 위쪽으로 쓸어올리듯 날가루가 보이지 않을 정도로만 섞어요.

6. 머핀컵에 반죽을 담고, ❶에서 미리 준비한 토핑을 넉넉히 올려서 김오른 찜기에 넣고 20~25분간 쪄내요.

치즈찜케이크

오븐으로 굽는 치즈케이크가 아닌 찜기로 쪄서 만드는 간편한 치즈케이크랍니다.
일반 치즈케이크에 비해 재료도 간단하고 만들기도 쉽지만, 치즈의 진한 맛을 그대로 담고 있어요.
치즈 매니아는 물론 칼슘이 풍부해 성장기 아이들에게도 건강한 간식이 될 수 있겠지요?

수플레컵 6개 분량

· 반죽

☐ 달걀 2개
☐ 설탕 60g
☐ 우유 50g
☐ 박력쌀가루 150g
☐ 베이킹파우더 1작은술
☐ 소금 1/3작은술
☐ 롤치즈 30g
☐ 슬라이스치즈 1장
☐ 파마산치즈가루 5g

· 치즈소스

☐ 우유 20g
☐ 슬라이스치즈 1장
☐ 버터 25g

찜기 20분 찌기

♥ 쪄서 만드는 케이크는 한김 식으면 더이상 수분이 날아가지 않도록 비닐로 포장해야 다음날까지 촉촉하게 먹을 수 있답니다. 속이 보이는 투명 비닐로 포장해 선물하면 보기에도 좋고 맛있게 선물할 수 있어요.

1. 전자렌지용 그릇에 우유 20g, 슬라이스 치즈 1장, 버터 25g을 담고 전자렌지에 15초 돌리고 꺼내어 젓고, 다시 15초 돌려 완전히 녹여 치즈소스를 만들어요.

2. 볼에 달걀을 풀다가 설탕을 더해 계속 섞어주세요.

3. 설탕이 어느 정도 녹으면 ❶에서 만든 치즈소스를 더해 고루 섞어요.

4. 여기에 우유 50g도 마저 넣어요.

5. 박력쌀가루와 베이킹파우더, 소금을 섞어 체에 내려 더해요.

6. 주걱으로 날가루가 보이지 않도록 반죽을 섞다가 롤치즈와 뭉쳐서 자른 슬라이스치즈 1장을 더해 한 번 더 섞어요.

7. 수플레컵에 반죽을 70% 정도 채워 담아요. ❻에서 남겨둔 치즈를 위에 올리고, 찜기에 안쳐서 끓는 물솥 위에 올려 20분간 센불에서 쪄내요.

8. 파마산치즈가루를 덧뿌려 내요. 그 위에 로즈마리 잎으로 장식하면 더 예쁘답니다.

녹차찜케이크

녹차는 피를 맑게 하고
다이어트에도 도움이 되는 것으로
알려져 있어요.
차로 우려내 먹어도 좋지만,
녹차가루를 이용해 베이킹을 하면
녹차 잎까지 그대로 먹을 수 있어 더욱 좋답니다.
향긋한 녹차 향기에 달콤한 팥배기를 더해 초록빛 예쁜 머핀으로 만들어 보아요.

 **지름 6cm 종이 머핀컵 6개 분량**

• 반죽
- ☐ 달걀 3개
- ☐ 설탕 90g
- ☐ 포도씨유 30g
- ☐ 우유 140g
- ☐ 박력쌀가루 200g
- ☐ 녹차가루 10g
- ☐ 소금 1/2작은술
- ☐ 베이킹파우더 2작은술
- ☐ 팥배기 50g

 **찜기 20~25분 찌기**

♥ 포장팁
찜케이크는 비닐에 넣어 낱개로 포장한 뒤 한쪽 면만 속이 비치는 크라프트 봉투에 넣어 포장하면 예뻐요.
녹차 찜케이크와 같은 초록색의 철사 리본을 달아 장식하면 더욱 근사해진답니다.

1. 볼에 달걀을 먼저 풀고, 분량의 설탕을 더해 거품기로 고루 섞어요.

2. 설탕이 어느 정도 녹으면 분량의 포도씨유도 더해 계속 섞고요.

3. 우유도 넣어 마저 섞어줍니다.

4. 여기에 박력쌀가루와 녹차가루, 소금, 베이킹 파우더를 체에 내려요. 날가루가 보이지 않을 정도로만 주걱으로 섞다가 팥배기의 반(25g)만 반죽에 더해 섞어요.

5. 머핀컵에 70% 정도로만 반죽을 담고, 남은 팥배기를 위에 올려서 김 오른 찜기에 넣고 20~25분간 쪄내요.

담백한 네가 좋아!

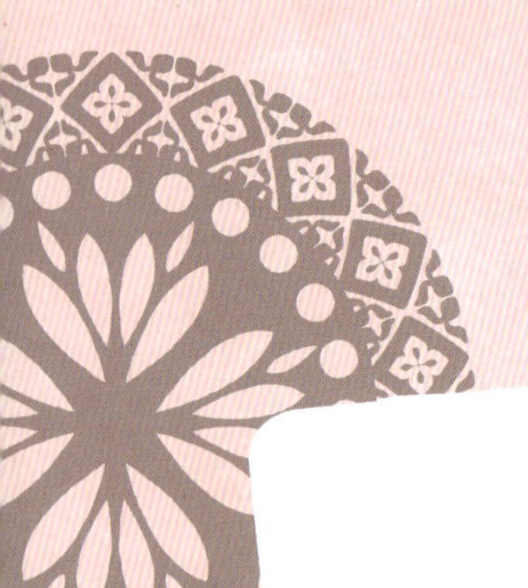

두부된장찜케이크

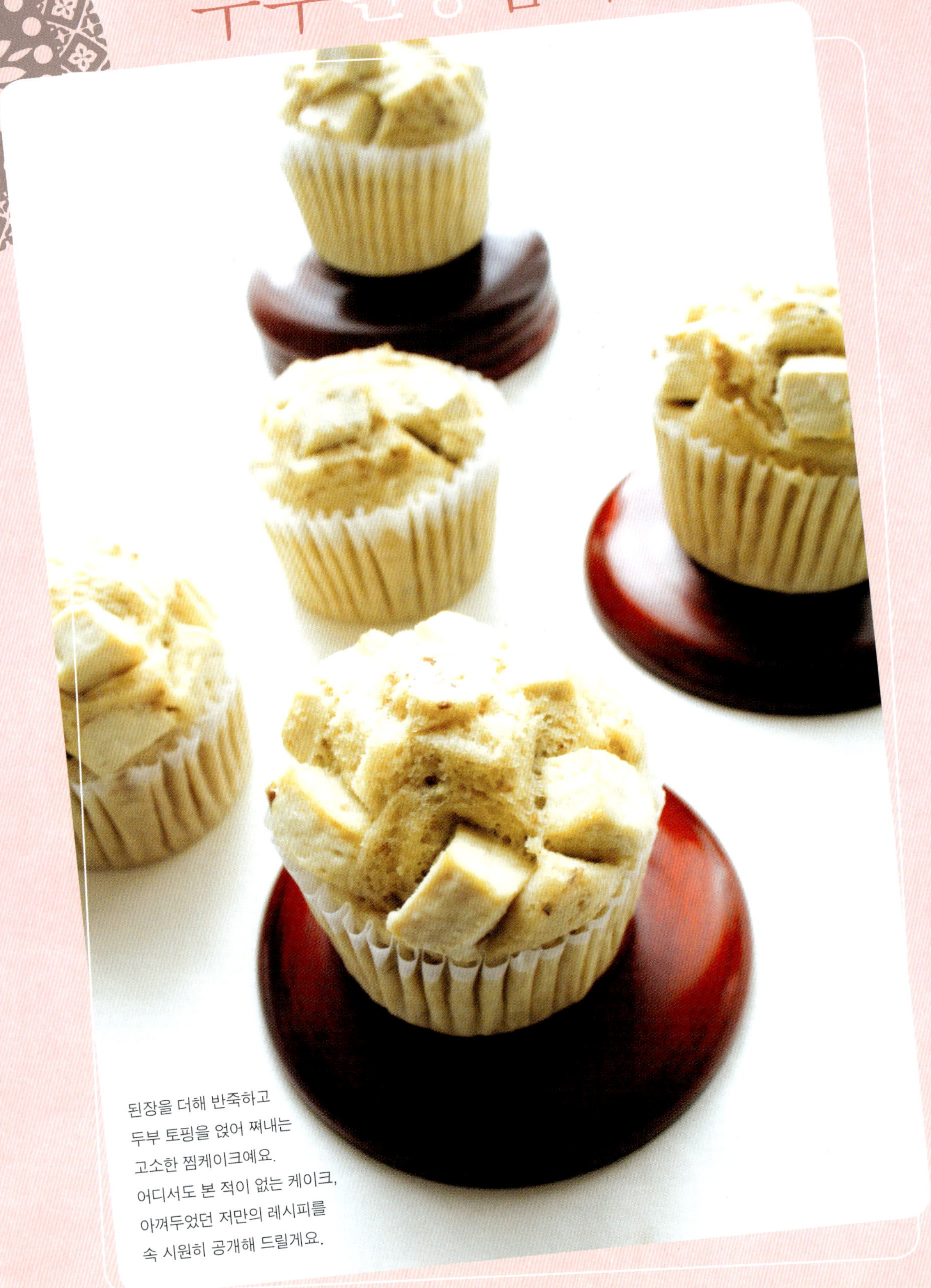

된장을 더해 반죽하고
두부 토핑을 얹어 쪄내는
고소한 찜케이크예요.
어디서도 본 적이 없는 케이크,
아껴두었던 저만의 레시피를
속 시원히 공개해 드릴게요.

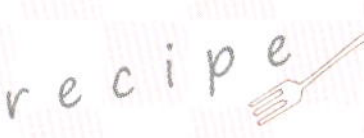

 **지름6cm 종이 머핀컵 5개 분량**

· 반죽

☐ 두부 150g
☐ 소금 약간
☐ 땅콩버터 20g
☐ 된장(조선)10g
☐ 간장 1/2작은술
☐ 참기름 1작은술
☐ 달걀 2개
☐ 유기농 흑설탕(또는 황설탕) 60g
☐ 우유 60g
☐ 박력쌀가루 150g
☐ 베이킹파우더 1작은술
☐ 볶은 참깨 1큰술

 **찜기 20분 찌기**

♥ 두부 찜케이크는 식으면서 두부에서 물기가 생겨 케이크가 축축해 질 수 있어요.
한 번에 먹을 만큼만 쪄내고, 따뜻할 때 바로 먹는 것이 가장 맛있답니다.

1. 두부를 가로 * 세로 1cm가 되도록 깍뚝썰기 하고 소금을 약간 뿌려 밑간을 한 뒤 키친타올을 이용해 물기를 완전히 제거해요.

2. 땅콩버터와 된장, 간장, 참기름을 섞어 된장소스를 만들어 두어요.

3. 볼에 달걀을 풀다가 유기농 흑설탕을 더해 마저 풀어요.

4. 설탕이 어느 정도 녹으면 ❷에서 만든 된장소스를 더해 고루 섞어요.

5. 우유 60g도 마저 넣고 섞어요.

6. 여기에 박력쌀가루와 베이킹파우더를 섞어 체에 내려 더해요.

7. 주걱으로 날가루가 보이지 않도록 반죽을 섞다가 볶은 참깨를 더해 주어요.

8. ❶에서 수분을 제거하고 썰어둔 두부를 더해 반죽을 마무리해요.

9. 머핀컵에 반죽을 70% 정도 채워 담아요. 남겨둔 두부와 깨를 위에 올려 김 오른 찜기에서 20분간 쪄내요.

메밀스콘

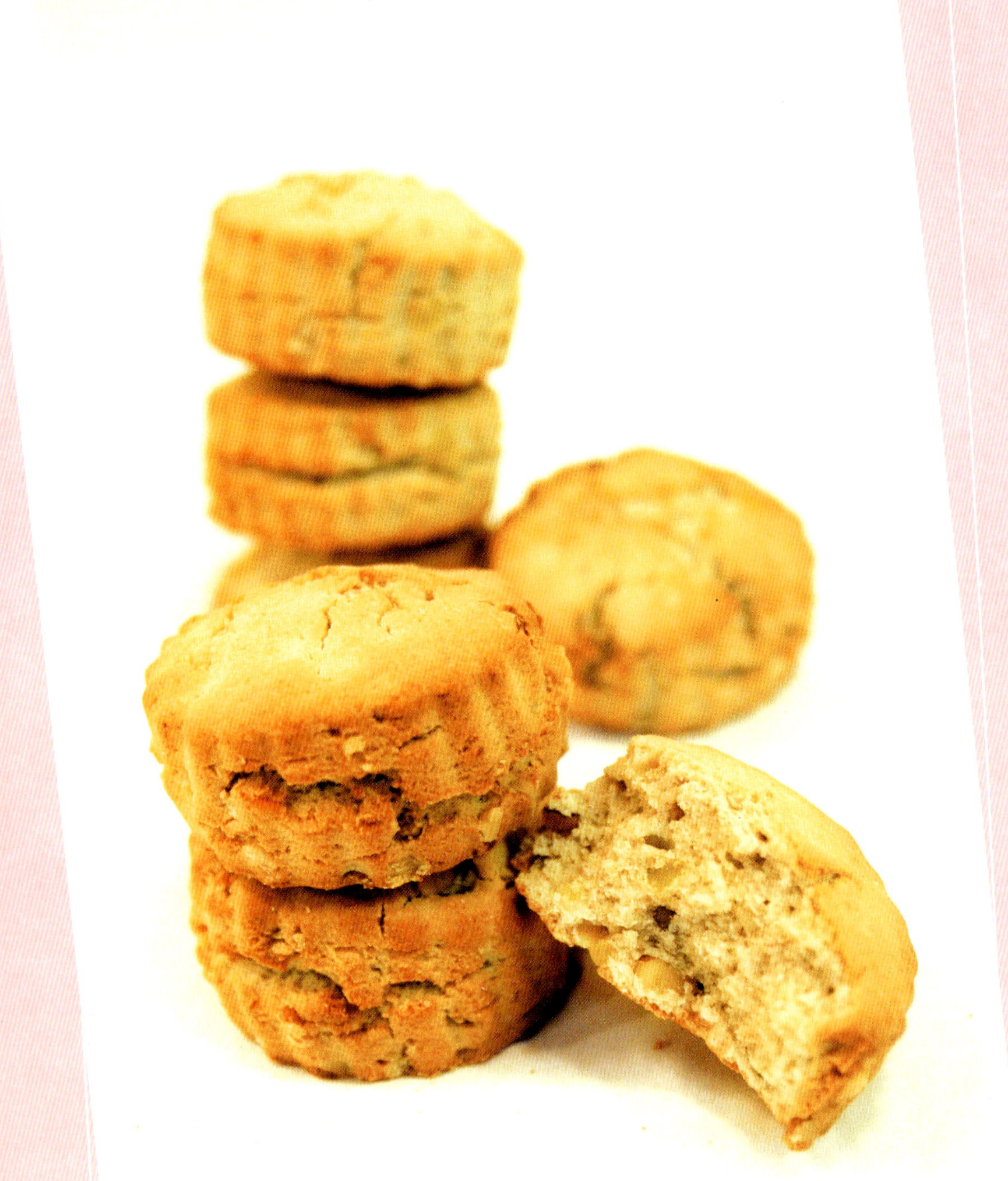

저는 밥보다 군것질로 식사를 때울 때가 많은데요.
그러다 보니 저를 위해서라도 보다 건강한 간식을 만들려고 하지요. 특히 메밀가루를 더해 만든 간식은
칼로리는 낮으면서 영양도 풍부하고, 고소한 맛이 진해 우유와 먹으면 속까지 든든해져요.

8~10개 분량

- 달걀 2개
- 황설탕 50g
- 소금 2/3작은술
- 메밀가루 100g
- 박력쌀가루 75g
- 강력쌀가루 75g
- 베이킹파우더 2작은술
- 차가운 버터 70g
- 호두 또는 피칸 40g
- 통조림밤 50g

♥ 메밀스콘에 직접 만든 고구마잼을 곁들이면 부드럽고 달콤한 맛이 더해져 더 맛있게 먹을 수 있어요. 고구마잼 만드는 법은 p.266을 참고하세요.

1. 볼에 달걀을 풀다가 황설탕과 소금을 더해 고루 섞어주세요.

2. 다른 볼에 메밀가루와 박력쌀가루, 강력쌀가루, 베이킹파우더를 모두 섞어 체에 2~3번 내려두어요.

3. 깍뚝 썰기한 차가운 버터를 주걱이나 스크래퍼를 이용해 잘게 자르는 느낌으로 반죽이 보슬해질 때까지 섞어요.

4. 달걀 푼 것을 조금씩 나누어 넣어가며 주걱을 세워 계속 섞어주다가 메밀 색이 고르게 나면서 반죽이 보슬보슬해지면 손으로 한 덩어리가 되도록 뭉쳐 주세요.

5. 반죽이 뭉치면 4등분한 호두, 잘게 자른 통조림밤을 더해서 한 번 더 반죽해 마무리해요.

6. 반죽을 비닐에 넣어 냉장고에서 30분~1시간 정도 휴지시킵니다.

7. 냉장고에서 반죽을 꺼낸 뒤 밀대로 밀고 다시 접어서 밀기를 3~4번 반복해요.

8. 밀고 접기를 반복한 반죽을 마지막으로 두께 2~2.5cm 정도가 되도록 밀고 모양틀로 찍어내요.

9. 190℃로 예열한 오븐에서 17~20분간 구워내고 식힘망에서 충분히 식혀내요.

너무너무 고소해

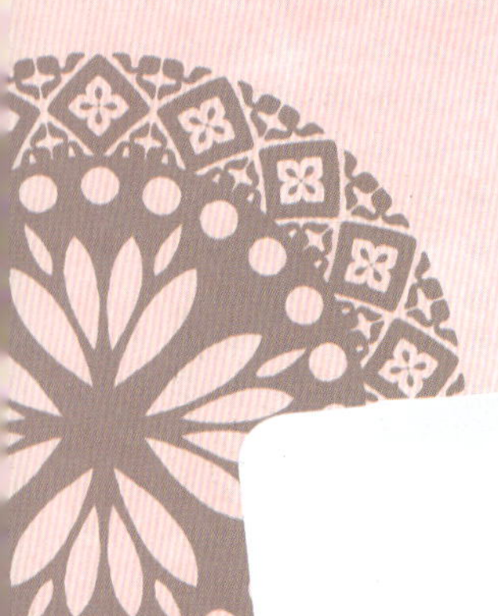

호두스콘

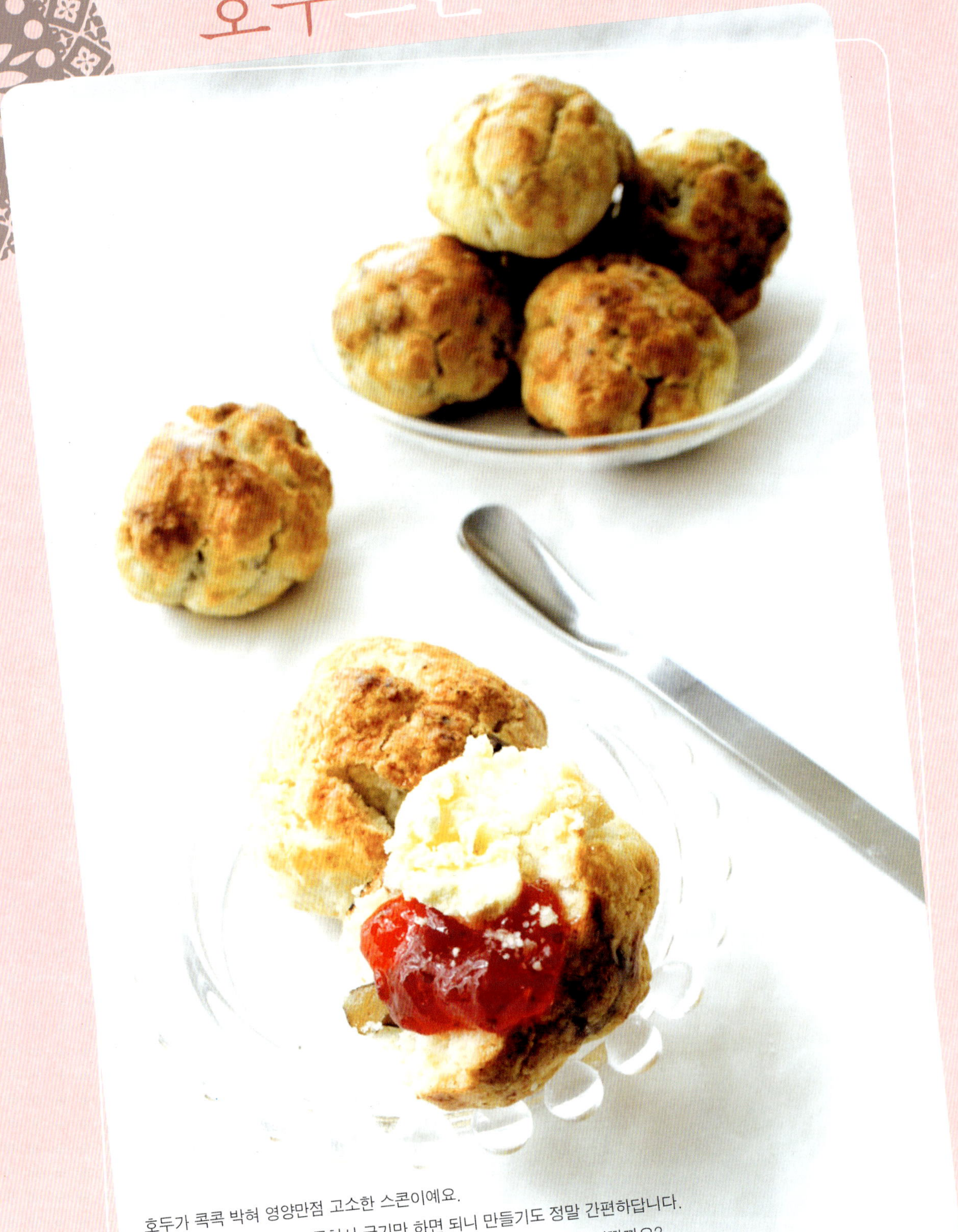

호두가 콕콕 박혀 영양만점 고소한 스콘이에요.
재료를 섞어 한덩어리로 뭉쳐서 굽기만 하면 되니 만들기도 정말 간편하답니다.
딸기잼과 버터를 발라 나만을 위한 맛있는 티타임을 즐겨 보는 건 어떨까요?

10개 분량

• 반죽
☐ 박력쌀가루 200g
☐ 베이킹파우더 2작은술
☐ 설탕 30g
☐ 소금 1/2작은술
☐ 버터 80g
☐ 우유 90g
☐ 호두 70g

• 달걀물
☐ 달걀 노른자 1개, 우유 또는 물 1큰술

♥ 푸드프로세서가 있다면 보다 간편하게 스콘을
반죽할 수 있어요.

1. 볼에 박력쌀가루와 베이킹파우더, 설탕, 소금을 섞어 체에 내리고 차가운 버터를 깍뚝썰기해 더한 다음 주걱을 세워 버터를 자르듯 보슬하게 섞어주세요.

2. 여기에 4등분한 호두와 우유를 더해 주걱으로 고루 섞어요.

3. 날가루가 없이 소보로 상태가 될 때까지만 반죽해요.

4. 반죽을 한 덩어리로 뭉쳐 비닐봉지에 담아 냉장고에서 30분~1시간 동안 휴지시켜요.

5. 휴지시킨 반죽을 40g씩 떼어 둥글게 뭉치고 팬 위에 올려 달걀물을 고루 발라주세요.

6. 190℃로 예열된 오븐에 넣어 22~25분간 구워내요.

칼로리만 쏘옥 빠진

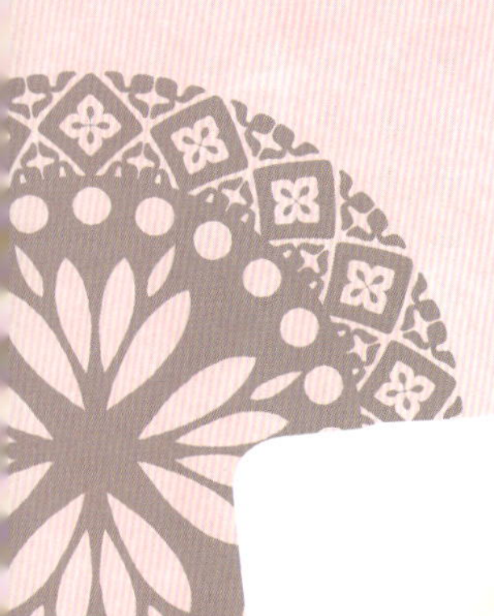

포도씨유 브라우니

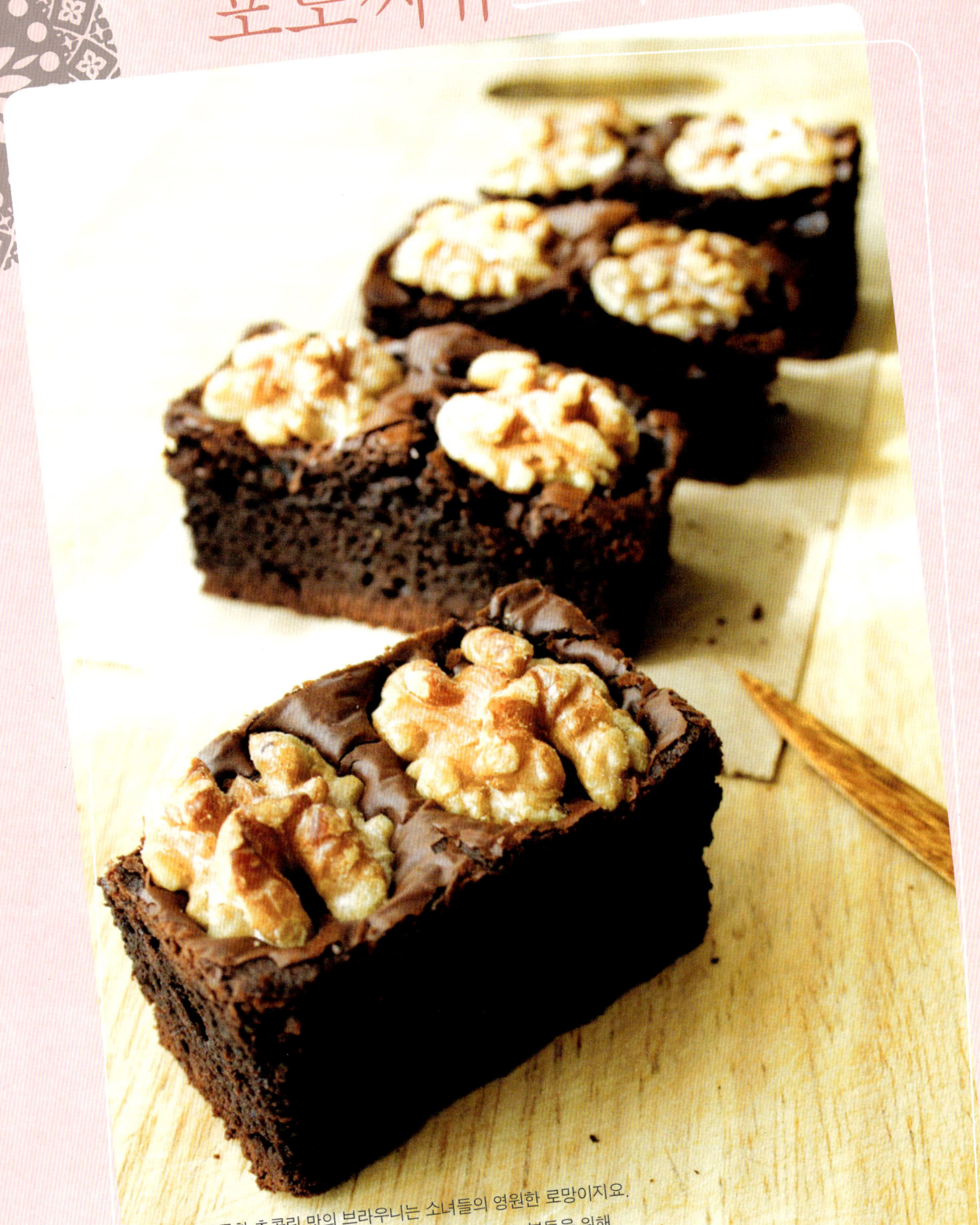

진하고 쫀득한 초콜릿 맛의 브라우니는 소녀들의 영원한 로망이지요.
하지만 다이어트를 위해 맛있는 브라우니를 포기하는 분들을 위해
제 비법을 살짝 전해드려요. 포도씨유로 칼로리만 쏘옥 빼고 깊고 진한 맛은 그대로~!!
오늘은 쌀가루로 쫀득한 맛까지 더한 브라우니에 한번 도전해 보세요.

사각틀 1호 1개 분량

- □ 다크초콜릿 200g
- □ 달걀 2개
- □ 설탕 70g
- □ 포도씨유 40g
- □ 바닐라오일 1/2작은술
- □ 박력쌀가루 100g
- □ 코코아가루 20g
- □ 소금 1/4작은술
- □ 베이킹파우더 1/4작은술
- □ 호두 20~25개(80g)

♥ 브라우니 보관법

브라우니가 완전히 식은 후에는 수분이 더이상 날아가지 않도록 비닐이나 밀폐용기에 담아 냉장고에 보관해 주세요.
하루 이틀 정도 뒤에 먹으면 촉촉함이 더해져 브라우니 특유의 매력을 제대로 느낄 수 있어요.

♥ 브라우니는 따뜻할 때에 차가운 바닐라 아이스크림을 곁들여 먹으면 더욱 맛있답니다.

1. 먼저 초콜릿을 중탕으로 덩어리 없이 녹이고 굳지 않도록 따뜻하게 계속 유지해 두어요.

2. 다른 볼에 달걀 2개를 풀고 설탕을 더해 거품기로 섞어요.

3. 설탕이 어느 정도 녹으면 분량의 포도씨유와 바닐라오일을 더해 계속 섞어주세요.

4. 여기에 ❶에서 녹인 초콜릿도 더해줍니다.

5. 박력쌀가루와 코코아가루, 소금, 베이킹파우더를 체에 내려 더해 주걱을 밑에서 위로 퍼올리듯 해서 고루 섞어요.

6. 여분의 포도씨유를 바른 틀에 ❺의 반죽을 모두 부어 주걱으로 편평하게 해주고, 알이 굵은 호두를 일정한 간격으로 올려 170℃로 예열된 오븐에서 30~35분간 구워내요.

동서양 맛의 조화

곶감화이트초코브라우니

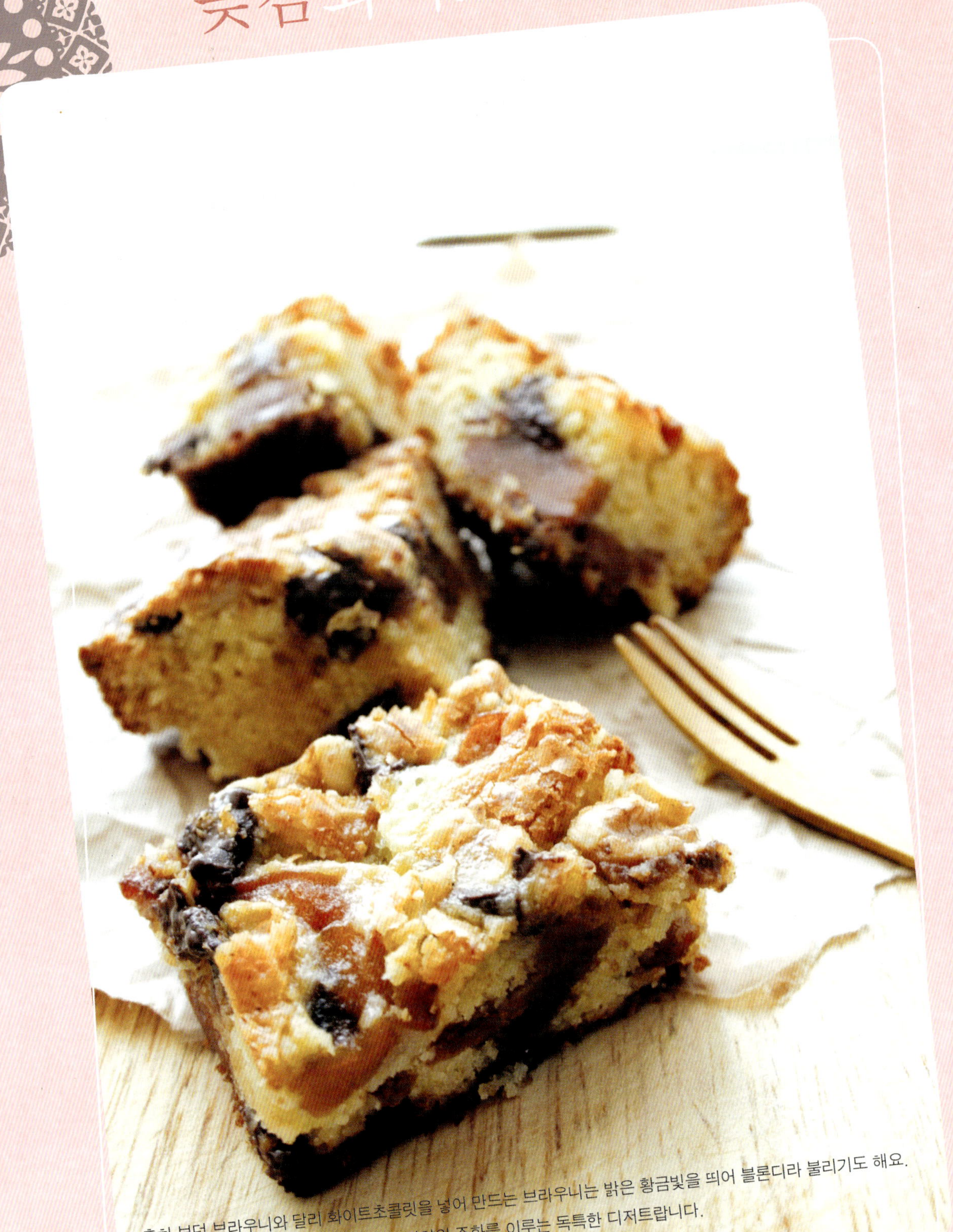

흔히 보던 브라우니와 달리 화이트초콜릿을 넣어 만드는 브라우니는 밝은 황금빛을 띄어 블론디라 불리기도 해요. 쫄깃한 곶감과 화이트초콜릿이 만나 동서양의 조화를 이루는 독특한 디저트랍니다.

사각틀 1호 1개 분량

· 반죽
- [ ] 화이트초콜릿 200g
- [ ] 버터 80g
- [ ] 달걀 2개
- [ ] 설탕 70g
- [ ] 바닐라오일 1/2작은술
- [ ] 박력쌀가루 100g
- [ ] 소금 1/4작은술
- [ ] 베이킹파우더 1/2작은술

· 토핑
- [ ] 반건조 곶감 3개
- [ ] 호두 40g
- [ ] 다크초콜릿칩 40g

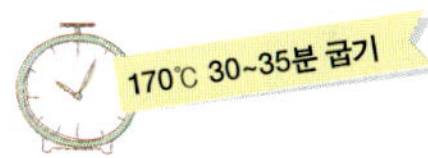

170℃ 30~35분 굽기

♥ 브라우니가 퍽퍽하다면?

브라우니는 촉촉하고 진득한 느낌이 매력인데요,
만약 단맛을 줄이고자 무턱대고 설탕량을 레시피
보다 줄여서 만들게 되면 퍽퍽하게 구워질 수밖
에 없답니다. 설탕은 단맛을 내는 역할뿐 아니라
케이크를 촉촉하고 부드럽게 만들어주기 때문이
지요. 또 예쁜 갈색 빛깔이 나도록 해주기 때문에
되도록이면 설탕량은 레시피 그대로 지켜서 굽도
록 해요.
적당한 달콤함은 우리의 생활에 활력을 불어 넣
어주고 울적한 기분을 달래줄 거예요~!

1. 먼저 화이트초콜릿과 버터를 중탕으로
덩어리 없이 녹이고 굳지 않도록 따뜻
하게 계속 유지해 두어요.

2. 반건조 곶감은 꼭지를 떼고 씨를 제거
해 한입 크기로 자르고 호두도 2~4등
분해 잘라 두어요.

3. 볼에 달걀 2개를 풀고 설탕을 더해 거
품기로 섞어요.

4. 설탕이 어느 정도 녹으면 ❶에서 녹인
화이트초콜릿과 바닐라오일을 더해 함
께 섞어주세요.

5. 여기에 박력쌀가루와 소금, 베이킹파우
더를 체에 내려 더하고, 주걱을 밑에서
위로 퍼올리듯 고루 섞어요.

곶감과 초콜릿칩,
호두를 전부 반죽에
섞지 말고 토핑용으로
조금 남겨두어요

6. 날가루가 보이지 않도록 섞으면 ❷에서
손질해 둔 곶감과 호두, 다크초콜릿칩
을 더해 대강 섞어 반죽을 마무리해요.

브라우니는 너무 오래
구우면 촉촉한 맛이 줄어
들기 때문에 시간을 꼭
지켜주어야 해요.

7. 여분의 버터를 바른 틀에 ❻의 반죽을
모두 부어 주걱으로 편평하게 해주고,
남겨둔 토핑을 올려 170℃로 예열된 오븐에
서 30~35분간 구워내요.

영원히 아껴줄 레시피

고구마파운드케이크

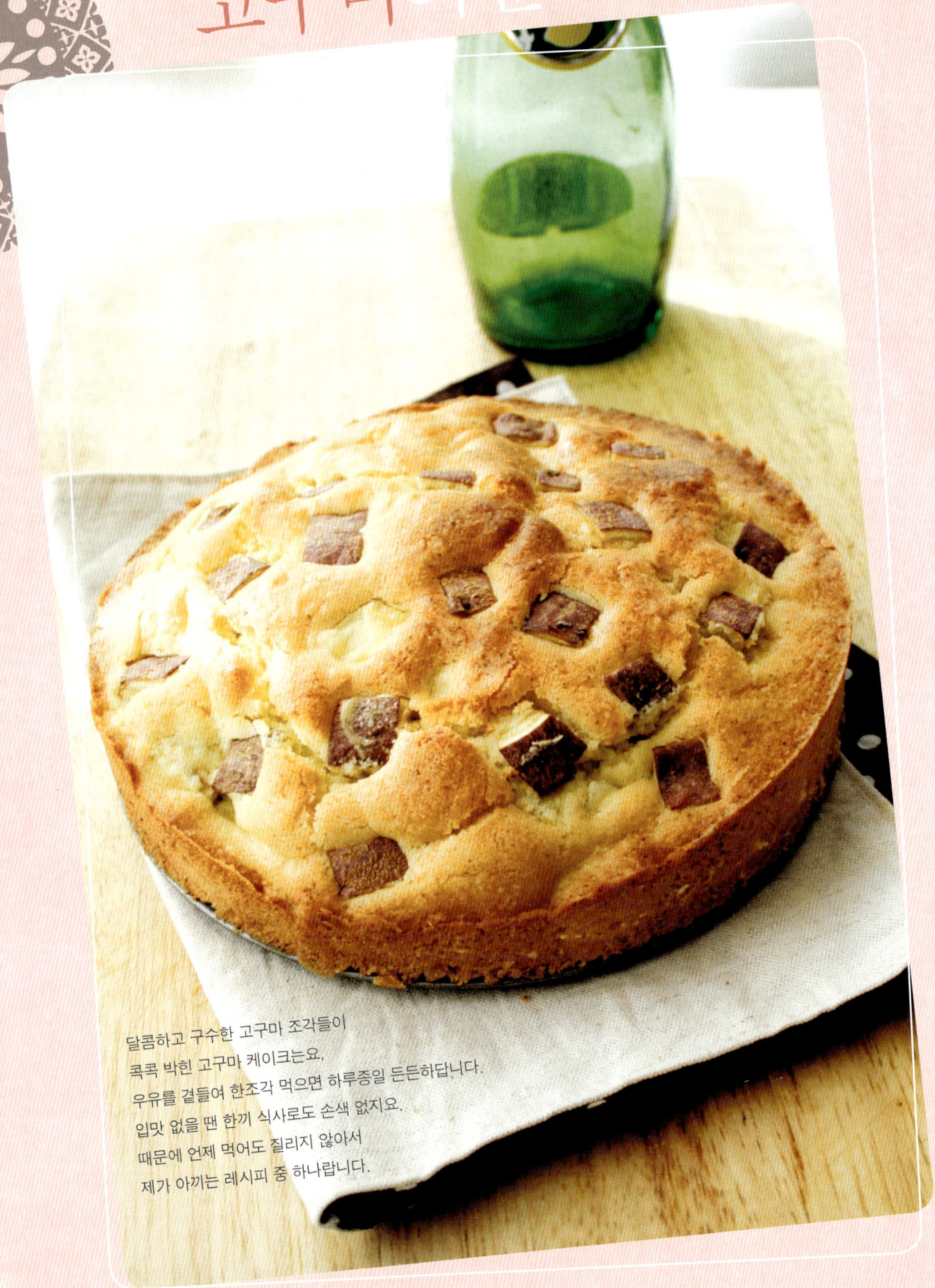

달콤하고 구수한 고구마 조각들이
콕콕 박힌 고구마 케이크는요,
우유를 곁들여 한조각 먹으면 하루종일 든든하답니다.
입맛 없을 땐 한끼 식사로도 손색 없지요.
때문에 언제 먹어도 질리지 않아서
제가 아끼는 레시피 중 하나랍니다.

원형틀 2호 1개 분량

☐ 고구마 170g
☐ 버터 100g
☐ 설탕 60g
☐ 달걀 2개
☐ 바닐라엣센스 1/4작은술
☐ 박력쌀가루 150g
☐ 베이킹파우더 1/2작은술
☐ 소금 1/4작은술
☐ 우유 1큰술

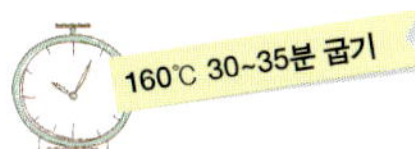
160℃ 30~35분 굽기

♥ **파운드 케이크를 틀에서 잘 떼어내는 법**
코팅된 틀이나 버터를 미리 발라둔 틀에 구워내면 대부분 케이크가 잘 떨어진답니다.
하지만 간혹 들러붙어 잘 떨어지지 않을 때가 있는데요, 이럴 땐 당황하지 말고 틀을 손바닥으로 툭툭 쳐 주세요.
돌려가면서 툭툭 쳐주면 케이크가 살살 움직이면서 들러붙었던 부분까지 매끄럽게 떨어질꺼예요.

1. 고구마는 껍질채 깨끗이 씻어 깍뚝썰기하고 렌지에 2~3분 정도 돌려 쪄내고 식혀두어요. 이 중 껍질 부분 30g은 장식용으로 남겨두고, 껍질이 없는 나머지 140g은 케이크 속에 넣을 거예요.

3. 미리 풀어둔 실온의 달걀을 3번에 나누어 넣어가며 고루 섞고 바닐라엣센스도 더해주어요.

5. 반죽이 날가루가 보이지 않을 정도로만 섞이면 ❶에서 미리 준비해둔 고구마와 우유를 더해 한 번 더 섞어요.

2. 실온의 버터를 거품기로 크림화해주고, 설탕을 조금씩 나누어 넣어가며 계속 섞어요.

4. 박력쌀가루와 베이킹파우더, 소금을 체에 내려 주걱을 세워서 섞어주세요.

6. 버터를 발라둔 틀에 ❹의 반죽을 채워 담고, 토핑용으로 남겨둔 찐 고구마를 위에 콕콕 박아 올려요. 틀째 탁탁 내리쳐서 불필요한 공기를 빼주고, 160℃로 예열한 오븐에서 30~35분간 구워내요.

비타민C 충전 완료!

건과일케이크

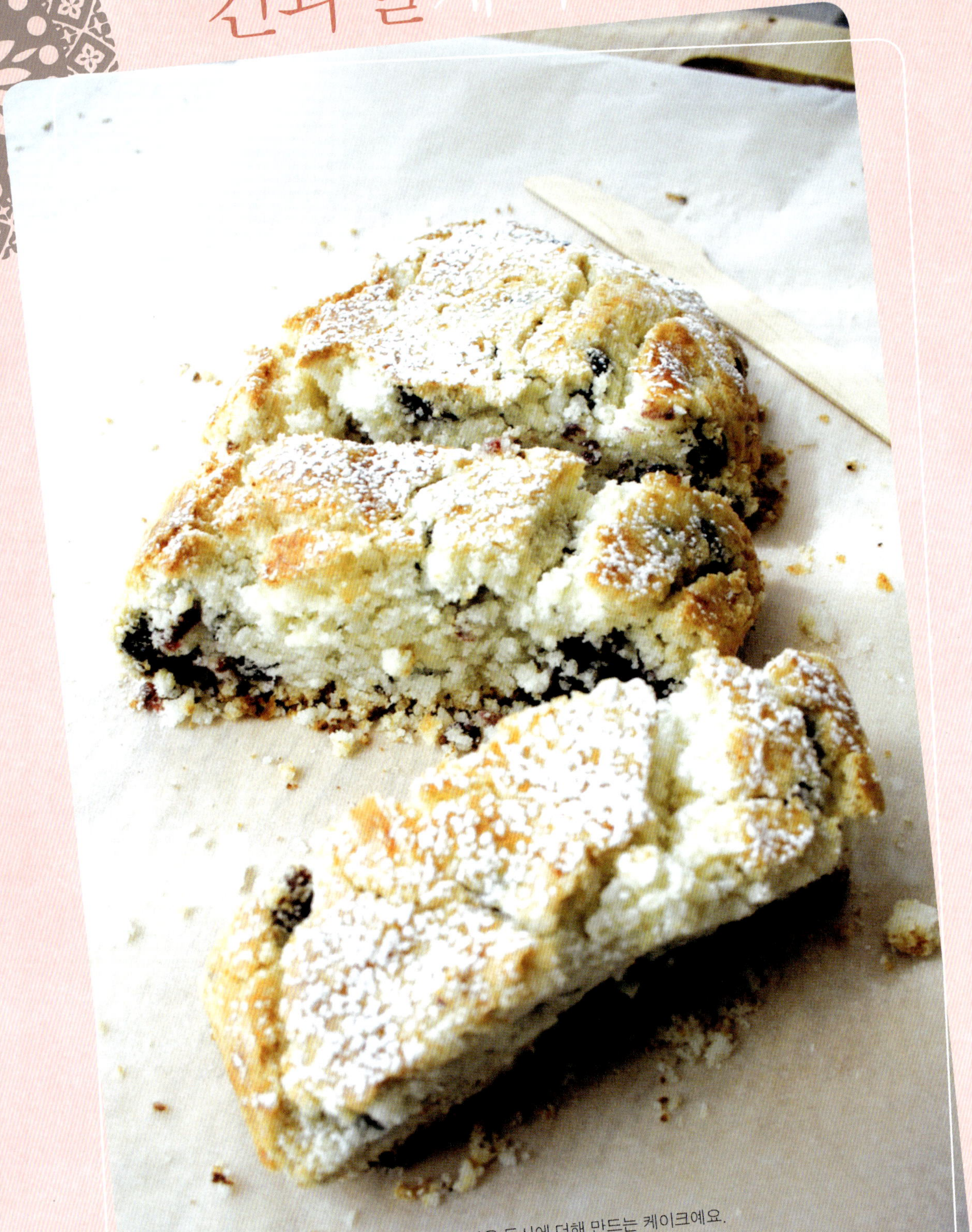

설탕 대신 비타민이 풍부한 건과일로 단맛과 영양을 동시에 더해 만드는 케이크예요.
쫄깃쫄깃 상큼하게 씹히는 건과일의 매력에 푸욱 빠져보세요.

1개 분량

• 반죽

☐ 건과일 100g
　(크랜베리, 블루베리, 건포도, 체리, 자두, 살구 등)

☐ 럼주 200g

☐ 버터 80g

☐ 설탕 40g

☐ 우유 50g

☐ 바닐라오일 1/2작은술

☐ 박력쌀가루 150g

☐ 베이킹파우더 1작은술

☐ 소금 1/4작은술

• 달걀물

☐ 달걀 노른자 1개

☐ 우유 또는 물 1큰술

180℃ 30~35분 굽기

♥ 구워낸 건과일 케이크는 부서지기 쉬우니 완전히 식힌 후에 잘라 드세요.

1. 준비한 건과일을 럼주에 최소 30분~반나절 정도 미리 담가 두어요.

2. 볼에 실온의 버터를 부드럽게 풀어주다가 설탕, 우유, 바닐라오일 순으로 넣어가며 크림처럼 만들어요.

3. 여기에 박력쌀가루와 베이킹파우더, 소금을 체에 내려 주걱을 세워 날가루가 보이지 않도록 섞어요.

4. 럼주에 불린 건과일은 물기를 제거한 후 마저 섞어요.

5. 반죽을 치대지 말고 유산지를 깐 팬에 올려 한 덩어리가 되도록 뭉친 후에 달걀물 재료를 섞어 고루 발라주세요.

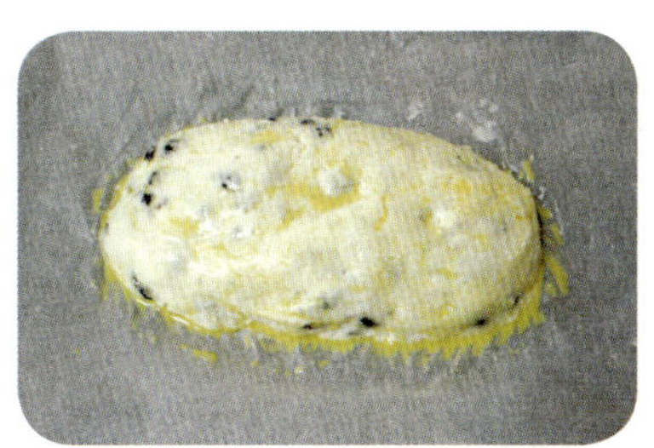

6. 180℃로 예열한 오븐에 넣어 30~35분간 구워내요.

콘브레드

모양은 투박하지만 노릇노릇한 색 만큼이나 구수한 맛이 일품인 콘브레드예요.
굽는 내내 구수한 옥수수 향기가 온 집안에 가득해 코끝이 저절로 킁킁 거려진답니다.
우유 대신 식물성 두유로 구수한 맛도 업~! 영양도 업업~!!
촉촉하고 담백한 옥수수 알갱이가 톡톡 씹히는 콘브레드의 매력에 빠질 준비가 되셨나요?

4개 분량

• 반죽
- [ ] 옥수수 통조림 70g(물기 뺀 것)
- [ ] 달걀 2개
- [ ] 설탕 50g
- [ ] 두유 90g
- [ ] 바닐라오일 1/2작은술
- [ ] 박력쌀가루 70g
- [ ] 강력쌀가루 60g
- [ ] 옥수수분말 60g
- [ ] 베이킹파우더 1작은술
- [ ] 소금 1/2작은술
- [ ] 버터 50g

• 장식
- [ ] 덧가루(강력쌀가루) 약간
- [ ] 두유 약간

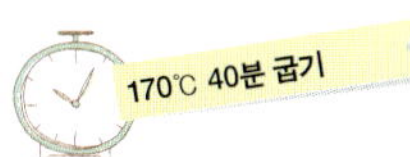

170℃ 40분 굽기

♥ 딸기잼을 곁들여 먹으면 잘 어울려요.

1. 옥수수 통조림은 체에 밭쳐 미리 물기를 빼 두어요.

2. 볼에 실온의 달걀을 풀고 분량의 설탕을 더해 거품기로 고루 섞어요.

3. 두유를 흘려 넣어가며 섞고, 바닐라오일도 더해 계속 섞어주세요.

4. 여기에 박력쌀가루, 강력쌀가루, 옥수수분말, 베이킹파우더, 소금을 모두 체에 내려 더해주고, 주걱으로 날가루가 보이지 않도록 섞어요.

5. 반죽이 어느 정도 섞였으면 깍뚝썰기한 버터를 넣고 버터를 자르듯이 주걱을 세워 섞어주세요.

6. 버터가 다 섞였으면 마지막으로 물기를 뺀 옥수수 통조림을 더해 고루 섞어 반죽을 완성해요.

7. 작업대에 덧가루(강력쌀가루)를 충분히 뿌리고 손에도 덧가루를 발라준 뒤, 반죽을 4등분(개당 약 135g)으로 잘라 타원형 모양으로 만들어 주세요.

8. 여분의 덧가루는 완전히 털어내 팬에 올리고, 반죽 윗면에 두유를 고루 발라요.

9. 세로로 칼집을 낸 뒤 170℃로 예열된 오븐에 넣어 40분간 구워내요.

흑설탕케이크

흑설탕은 특유의 색과 향 때문에 백설탕과는 달리 사용되곤 하는데요,
흑설탕으로 필링을 만들면 살짝 녹아내리면서 캐러멜 맛이 더해진답니다.
호두나 시나몬을 더하면 커피와 너무나 잘 어울리는 근사한 케이크가 만들어질 거예요.

사각틀 2호 1개 분량

• 반죽
- [ ] 버터 50g
- [ ] 백설탕 60g
- [ ] 달걀 1개
- [ ] 우유 100g
- [ ] 박력쌀가루 200g
- [ ] 베이킹파우더 2작은술
- [ ] 소금 1/2작은술

• 필링
- [ ] 흑설탕 80g
- [ ] 버터 30g
- [ ] 박력쌀가루 15g
- [ ] 계피가루 1작은술
- [ ] 견과류(호두, 피칸, 아몬드, 땅콩 등) 90g

180℃ 30분 굽기

1. 흑설탕은 입자가 굵기 때문에 만들기 전에 미리 분쇄기에 곱게 갈아 준비하면 좋아요.

2. 버터를 렌지에 돌려 끓지 않도록만 완전히 녹이고 갈아둔 흑설탕과 박력쌀가루, 계피가루를 더해 섞어요.

3. 준비한 견과류를 섞어 흑설탕 필링을 만들어 두어요.

4. 코팅이 된 사각틀에 버터(레시피 외)를 바르고 박력쌀가루(레시피 외)를 묻혔다가 여분의 가루는 털어내요.

5. 볼에 실온의 버터를 부드럽게 풀다가 백설탕을 더해 고루 섞어주세요.

6. 미리 풀어둔 실온의 달걀도 나누어 더해 분리되지 않도록 섞고요. 분량의 우유도 더해 섞어요.

7. 여기에 박력쌀가루와 베이킹파우더, 소금을 섞어 체에 내려 더하고 주걱을 이용해 아래에서 위로 쓸어올리듯 섞어요.

8. 반죽에 날가루가 보이지 않으면 틀에 반죽의 반을 붓고 그 위로 흑설탕 필링 반을 채워 담아요.

9. 같은 방법으로 반복해 반죽, 흑설탕 필링 순으로 틀에 모두 채워 담고 180℃로 예열한 오븐에서 30분간 구워내요.

호랑이 기운이 솟아나는

홍삼파운드

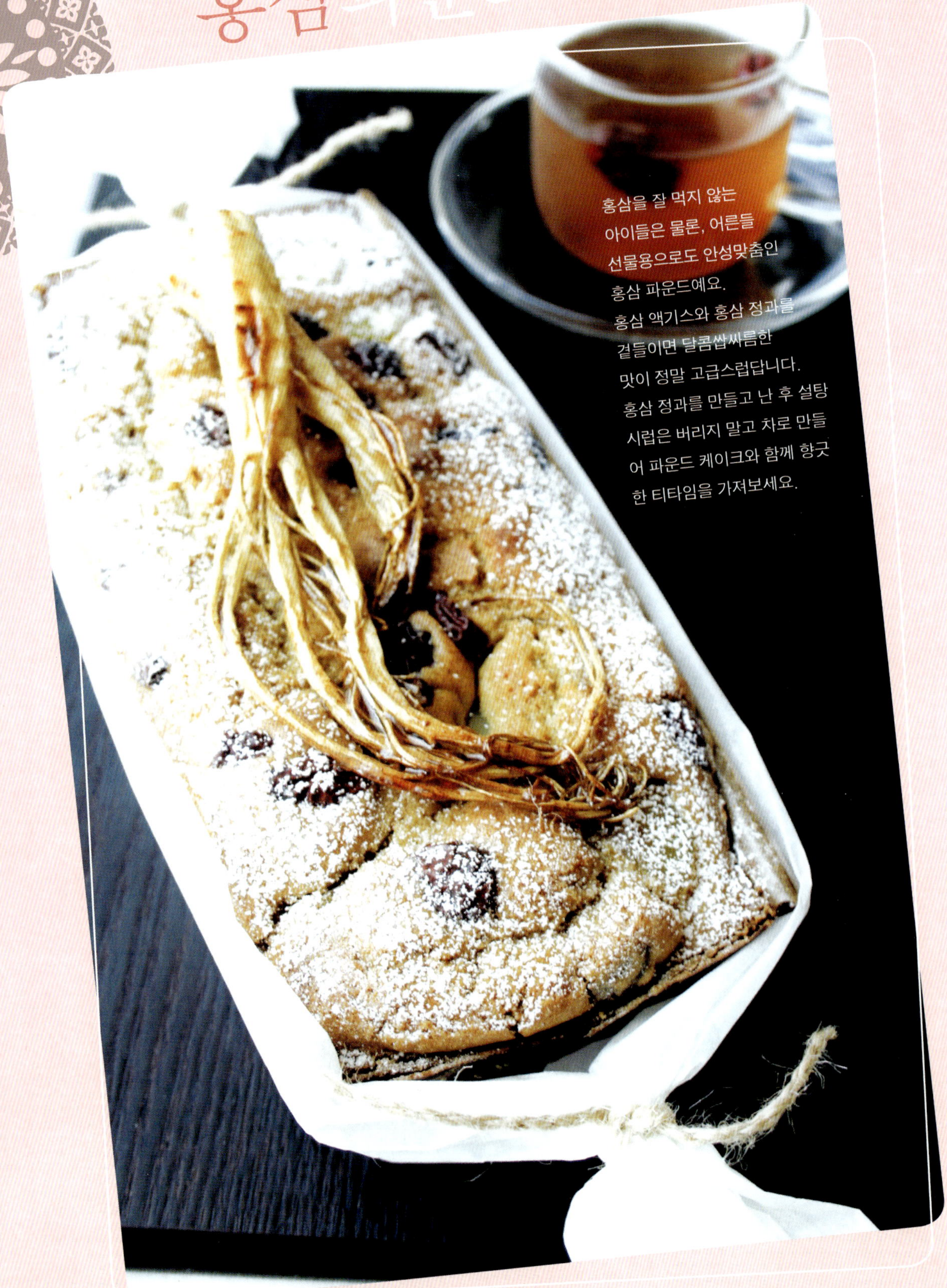

홍삼을 잘 먹지 않는 아이들은 물론, 어른들 선물용으로도 안성맞춤인 홍삼 파운드에요. 홍삼 액기스와 홍삼 정과를 곁들이면 달콤쌉싸름한 맛이 정말 고급스럽답니다. 홍삼 정과를 만들고 난 후 설탕 시럽은 버리지 말고 차로 만들어 파운드 케이크와 함께 향긋한 티타임을 가져보세요.

8 * 22 * 4.5cm 파운드 종이틀 1개 분량

· 반죽
- [ ] 대추 10개
- [ ] 통조림밤 10개
- [ ] 버터 100g
- [ ] 설탕 70g
- [ ] 달걀 2개
- [ ] 홍삼액기스 2작은술
- [ ] 박력쌀가루 170g
- [ ] 베이킹파우더 1작은술
- [ ] 소금 1/3작은술

· 홍삼 정과
- [ ] 물 5큰술
- [ ] 설탕 2큰술
- [ ] 홍삼 2뿌리
- [ ] 꿀 2큰술
- [ ] 계피가루 1/4작은술

· 장식
- [ ] 슈거파우더 약간

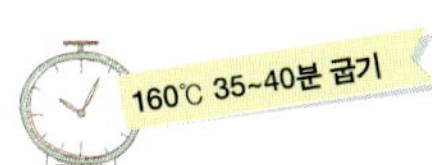

160℃ 35~40분 굽기

♥ 홍삼 대추차 만들기

홍삼 정과를 만들고 남은 설탕 시럽은 그냥 버리지 말고 차로 만들어 홍삼 파운드와 함께 먹으면 더 좋아요.
정과를 만들고 건져낸 후에 남은 시럽에 그대로 물 2컵, 대추 한줌을 넣어 끓여내기만 하면 되니까 만들기도 간편해요.
단맛은 꿀을 더해 입맛에 따라 가감하고요, 여름엔 얼음으로 시원하게, 겨울엔 따뜻하게 드세요.
참, 우유를 넣어 약불에서 살짝만 끓여내면 홍삼 밀크티로도 즐길 수 있답니다.

1. 소스용 팬에 물과 설탕을 넣고 젓지 말고 끓이다가 설탕이 다 녹으면 깨끗이 씻은 홍삼, 꿀, 계피가루를 더해 윤기가 날 때까지 졸여 정과를 만들어요.

3. 대추는 돌려깎아 씨를 제거하고 6~8등분해 잘라두고, 통조림밤도 4~6등분으로 잘라두어요.

5. 박력쌀가루와 베이킹파우더, 소금을 체에 내려 넣고 주걱으로 날가루가 보이지 않도록만 섞어요.

6. 파운드틀에 반죽을 모두 채워 담고 160℃로 예열된 오븐에서 35~40분간 구워내요.

2. 완성된 정과는 들러붙지 않는 유산지나 데프론시트 위에 모양을 잘 잡아 올려 충분히 식혀요.

4. 볼에 실온의 버터를 풀다가 설탕을 더해 고루 섞어요. 여기에 미리 풀어둔 실온의 달걀을 조금씩 더해가며 섞고, 분량의 홍삼액기스도 넣고 섞어주세요.

6. ❸에서 준비해둔 밤과 대추도 함께 넣고 섞어 주세요.

7. 한김 식힌 후에 미리 만들어 둔 홍삼 정과를 올리고 슈거파우더를 체에 내려서 장식해요.

뽀빠이를 위한 올리브의 특별메뉴

시금치 파운드

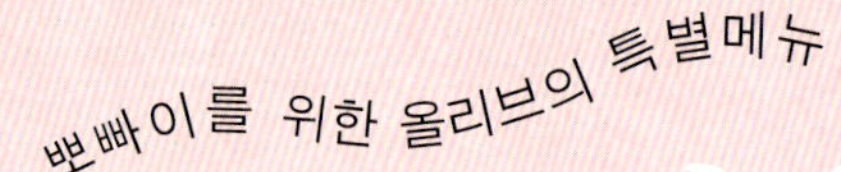

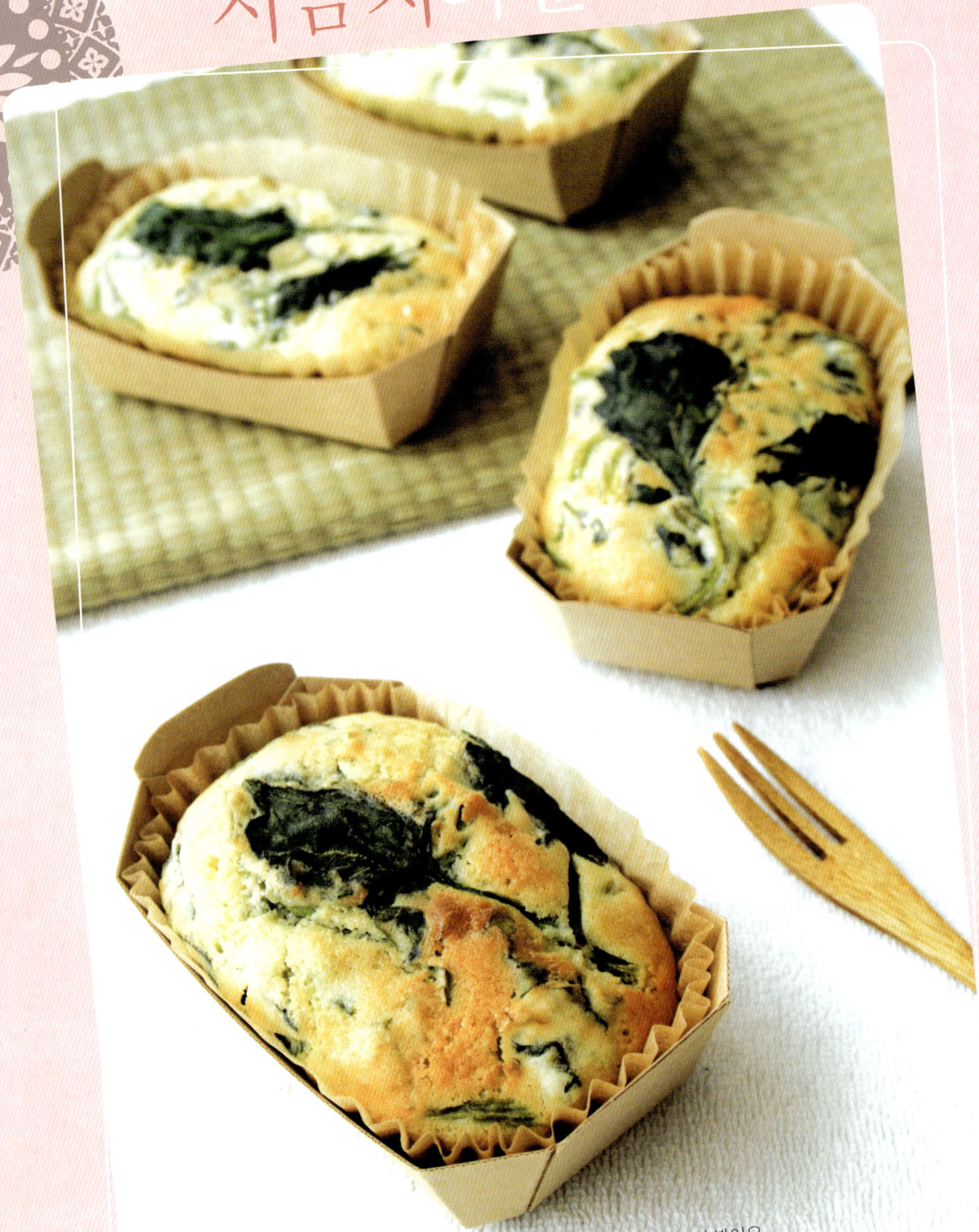

힘이 센 뽀빠이가 즐겨먹었던 음식으로 유명한 시금치를 넣어 파운드로 만들어 봤어요.
듬뿍 들어간 시금치에 버터 대신 깔끔한 포도씨유를 사용해 만들기 때문에 더욱 건강한 간식이 될 거예요.
달지 않고 담백한 맛이 일품이기 때문에 주말 아침 브런치로도 참 좋답니다.

7 * 11 * 3cm 펄프틀 4개 분량

- ☐ 시금치 100g
- ☐ 설탕 60g
- ☐ 포도씨유 30g
- ☐ 우유 60g
- ☐ 바닐라오일 1/4작은술
- ☐ 박력쌀가루 150g
- ☐ 달걀 2개
- ☐ 베이킹파우더 1/2작은술
- ☐ 소금 1/3작은술

♥ 시금치를 잘 먹지 않는 아이들에겐 시금치를 억지로 먹이기 보단 잘 먹게 만들어 주는 것이 좋아요. 시금치는 최대한 잘게 다지고, 설탕을 조금만 더 넣어 만들어 주세요.

♥ 시금치 파운드와 포도씨유 브라우니(p.124)를 함께 포장해 보았어요. 한 조각씩 속이 비치는 투명 비닐에 담아 노끈으로 리본을 매어주고, 크라프트 스티커로 마무리하면 정말 예쁘답니다.

1. 시금치는 깨끗이 손질해 소금물에 살짝 데쳐 헹구어 물기를 꼭 짜내요. 장식으로 얹을 줄기 하나 정도만 남겨두고 나머진 칼로 1cm 정도가 되게 썰어요.

2. 볼에 알끈을 제거한 달걀을 풀고 분량의 설탕을 넣어 섞어요.

3. 포도씨유도 조금씩 흘려 넣어가며 고루 섞어주고요.

4. 우유와 바닐라오일도 더해서 고루 섞어줍니다.

5. 박력쌀가루와 소금, 베이킹파우더를 2~3번 체에 내려 가루류의 2/3만 ❹에 먼저 더해요.

6. ❺의 나머지 가루는 데쳐서 썰어 둔 시금치에 고루 버무려요.

7. 시금치도 ❺에 넣어 주걱을 밑에서 위로 쓸어 올리듯 해서 날가루가 보이지 않을 정도로만 고루 섞어주세요.

8. 파운드틀에 반죽을 80% 정도만 부어주고, 데쳐서 썰지 않고 남겨둔 시금치를 위에 올려 160℃로 예열된 오븐에서 35분간 구워내면 완성이예요.

자연이 선물한 한 조각

야채 파운드

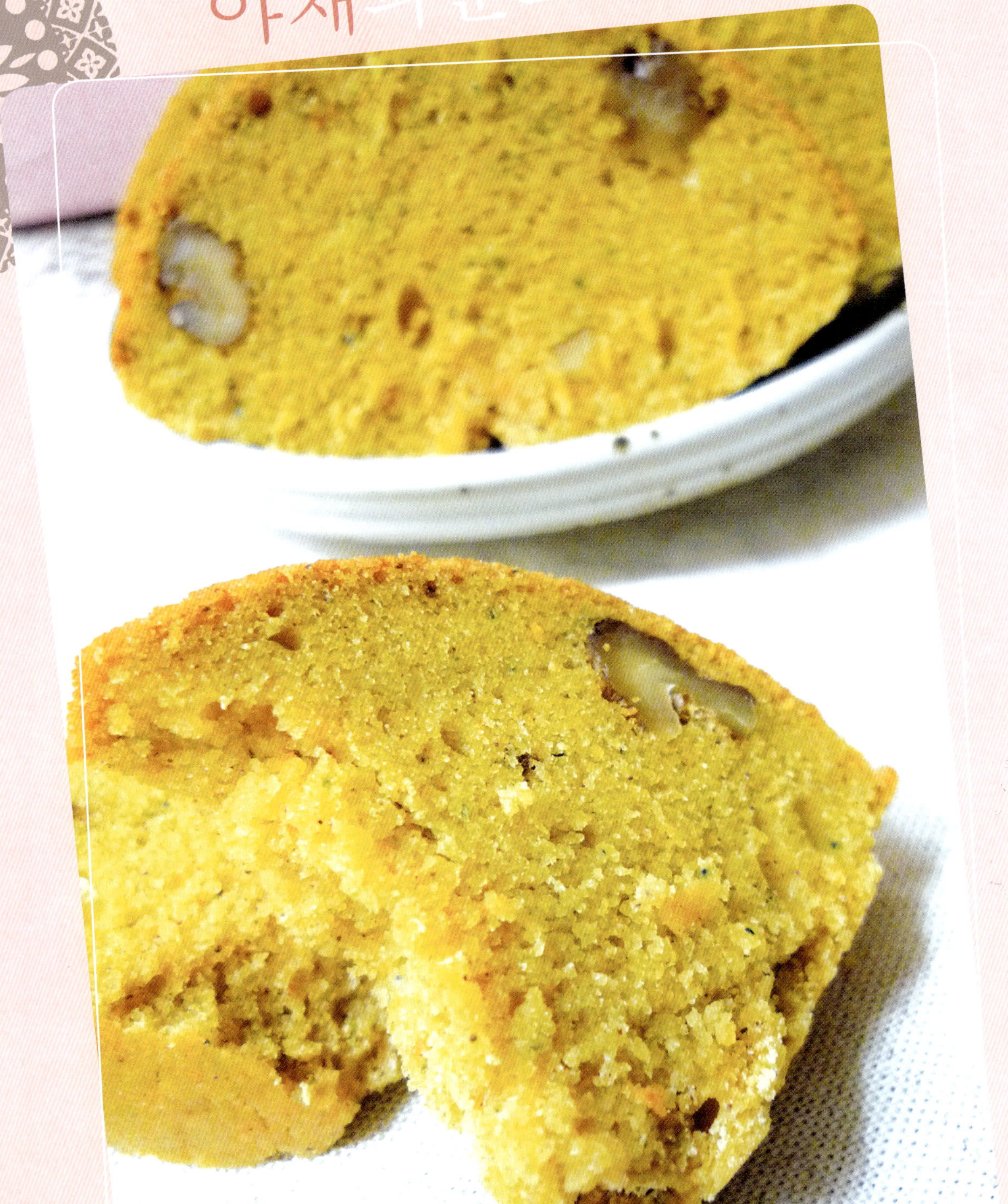

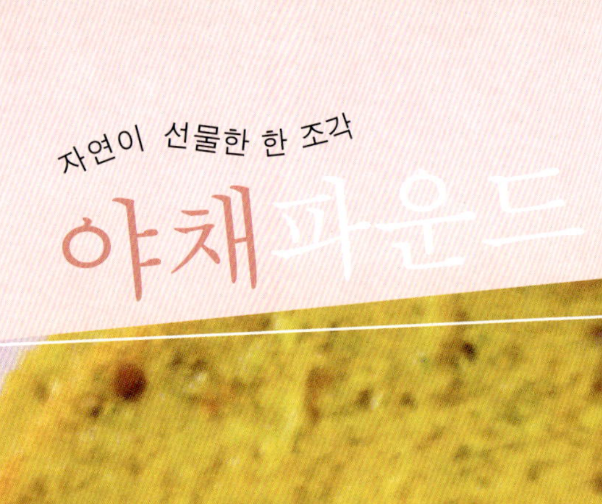

냉장고 속에 상하기 쉬운 야채들이 많이 남았을 때는 볶음밥 같은
간단한 한끼 메뉴도 좋지만, 저는 파운드 케이크로도 자주 만들어 두곤 해요.
밥이 아니여서 하루이틀 두고두고 먹을 수 있는데다
손님을 초대해서 차 한잔을 곁들여 여럿이 나누어 먹을 수도 있으니까요.

반달 모양 파운드틀 1개 분량

- ☐ 박력쌀가루 250g
- ☐ 베이킹파우더 1작은술
- ☐ 계피가루 1작은술
- ☐ 소금 2/3작은술
- ☐ 야채 140g
- ☐ 달걀 2개
- ☐ 꿀 15g
- ☐ 설탕 60g
- ☐ 포도씨유 30g
- ☐ 우유 40g
- ☐ 호두 40g

♥ 파운드 케이크는 충분히 식힌 후에 잘라야 깨지지 않아요. 완전히 식힌 후에는 빵칼로 쓱쓱 톱질하듯이 잘라주세요.

♥ 레시피에서 사용한 반달 모양 파운드틀이예요. 주로 반달모양의 무스 케이크를 만들때 사용되지만, 저는 파운드 케이크를 구울 때 더 자주 사용하고 있어요.
한 조각씩 잘라내면 도톰한 입술을 닮은 듯 하거든요. 하나쯤 있으면 흔하지 않은 나만의 개성있는 케이크를 만들 수 있겠지만, 1회용 종이 파운드틀로 대신해도 괜찮아요.

1. 박력쌀가루와 베이킹파우더, 계피가루, 소금을 모두 섞어 체에 2~3번 내려 두어요.

2. 야채는 모두 깨끗이 씻어 준비해 믹서에 곱게 갈아요.

3. 볼에 실온의 달걀을 풀다가 설탕, 꿀, 포도씨유, 우유 순으로 더해서 설탕 입자가 잘 녹도록 고루 섞어요.

4. 여기에 갈아둔 야채를 더해서 섞고요.

5. 체에 내려둔 가루들도 더해 날가루가 보이지 않도록만 섞어요.

6. 4등분한 호두를 넣고 한 번 더 섞어요.

7. 기름 바른 틀에 반죽을 부어주고, 틀째로 '탁탁' 쳐서 불필요한 공기를 뺀 후에 190℃로 예열된 오븐에 넣어 40분 정도 구워내요.

촉촉해서 더 사랑해

옥수수케이크

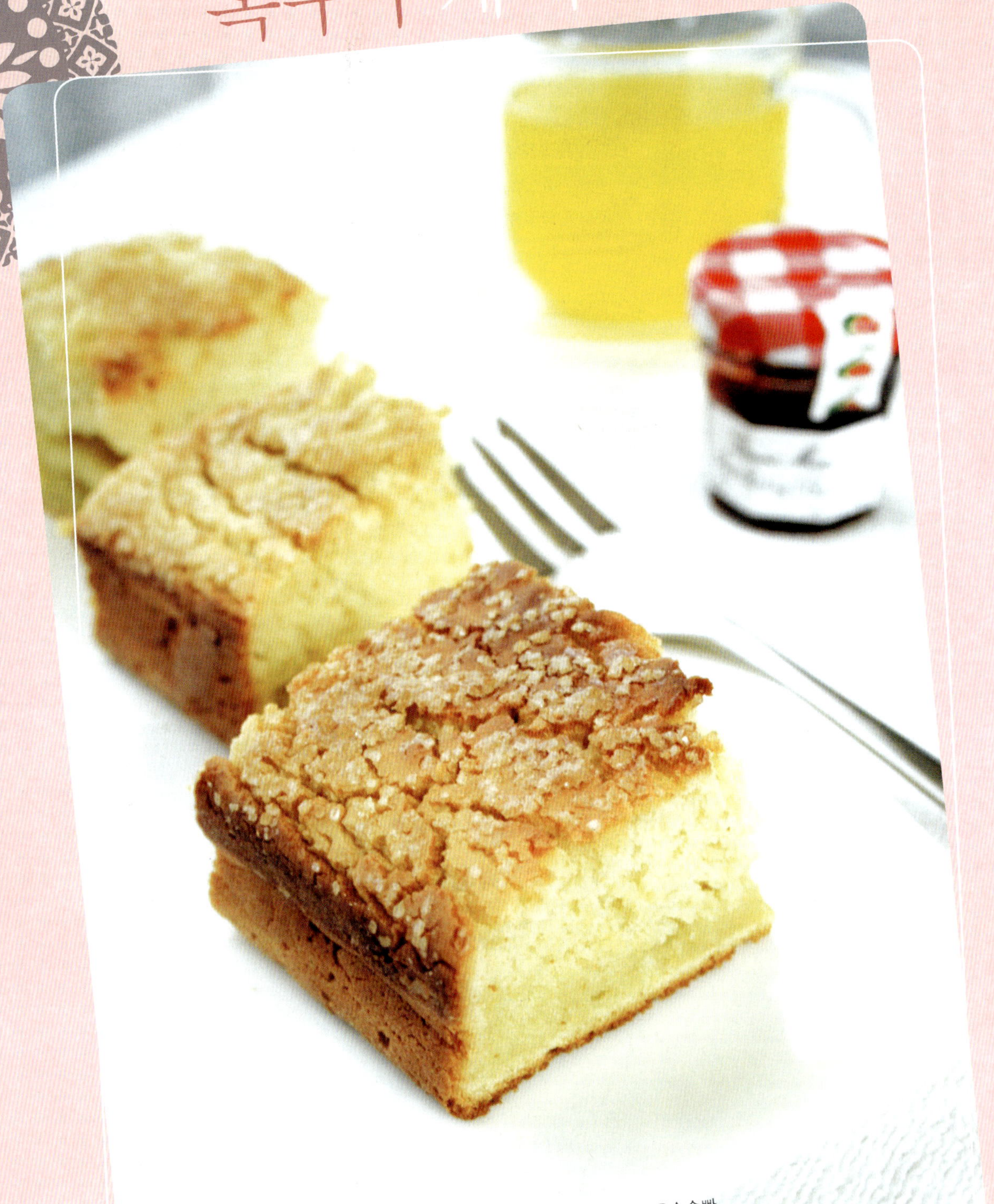

어렸을 때 빵집에 가면 노릇노릇 먹음직스러운 모습에 자주 사먹곤 하던 옥수수빵.
맛있어 보여서 사들고 오면 언제나 퍽퍽해서 몇입 못먹었던 추억의 빵이기도 한데요.
쌀가루로 응용해 찰지고 촉촉한 옥수수 케이크, 유기농 설탕으로 보다 건강하게 만들어 보자구요.

사각틀 2호 1개 분량

- ☐ 박력쌀가루 200g
- ☐ 옥수수가루 40g
- ☐ 베이킹파우더 1작은술
- ☐ 소금 2/3작은술
- ☐ 달걀 1개
- ☐ 유기농흑설탕 70g
- ☐ 버터 25g
- ☐ 우유 260g
- ☐ 바닐라엣센스 1/2작은술
- ☐ 토핑용 유기농흑설탕 1큰술

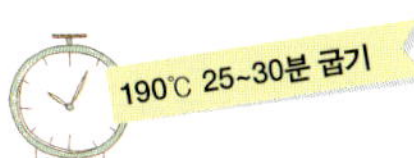

♥ 옥수수 통조림을 더해주면 톡톡 알갱이가 씹히는 옥수수 케이크로도 만들 수 있어요. 통조림을 사용할 때에는 옥수수를 체에 받쳐 물기를 완전히 제거하고 넣어요.

1. 박력쌀가루, 옥수수가루, 베이킹파우더, 소금을 모두 섞어 체에 2~3번 정도 내려두어요.

2. 다른 볼에 실온의 달걀을 풀다가 설탕을 더해 고루 섞어요.

3. 설탕 입자가 어느 정도 녹으면 버터를 녹여서 더하고, 우유도 조금씩 흘려 넣어가며 거품기로 계속 섞어 주세요. 마지막으로 바닐라엣센스를 더해요.

4. 여기에 체에 내려두었던 가루들을 조금씩 나누어 더해 덩어리지지 않도록 주의하며 반죽해요.

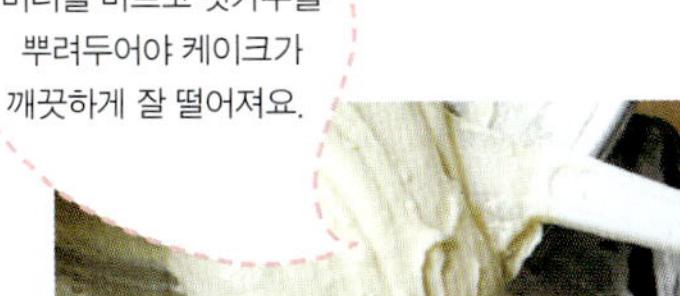

5. 틀에 완성된 반죽을 모두 부어 틀째로 탁탁 내리쳐 불필요한 공기를 제거해요.

6. 유기농흑설탕 1큰술을 위에 골고루 뿌려준 뒤 190℃로 예열된 오븐에 넣어 25~30분간 구워내면 완성이예요.

흑미카스테라

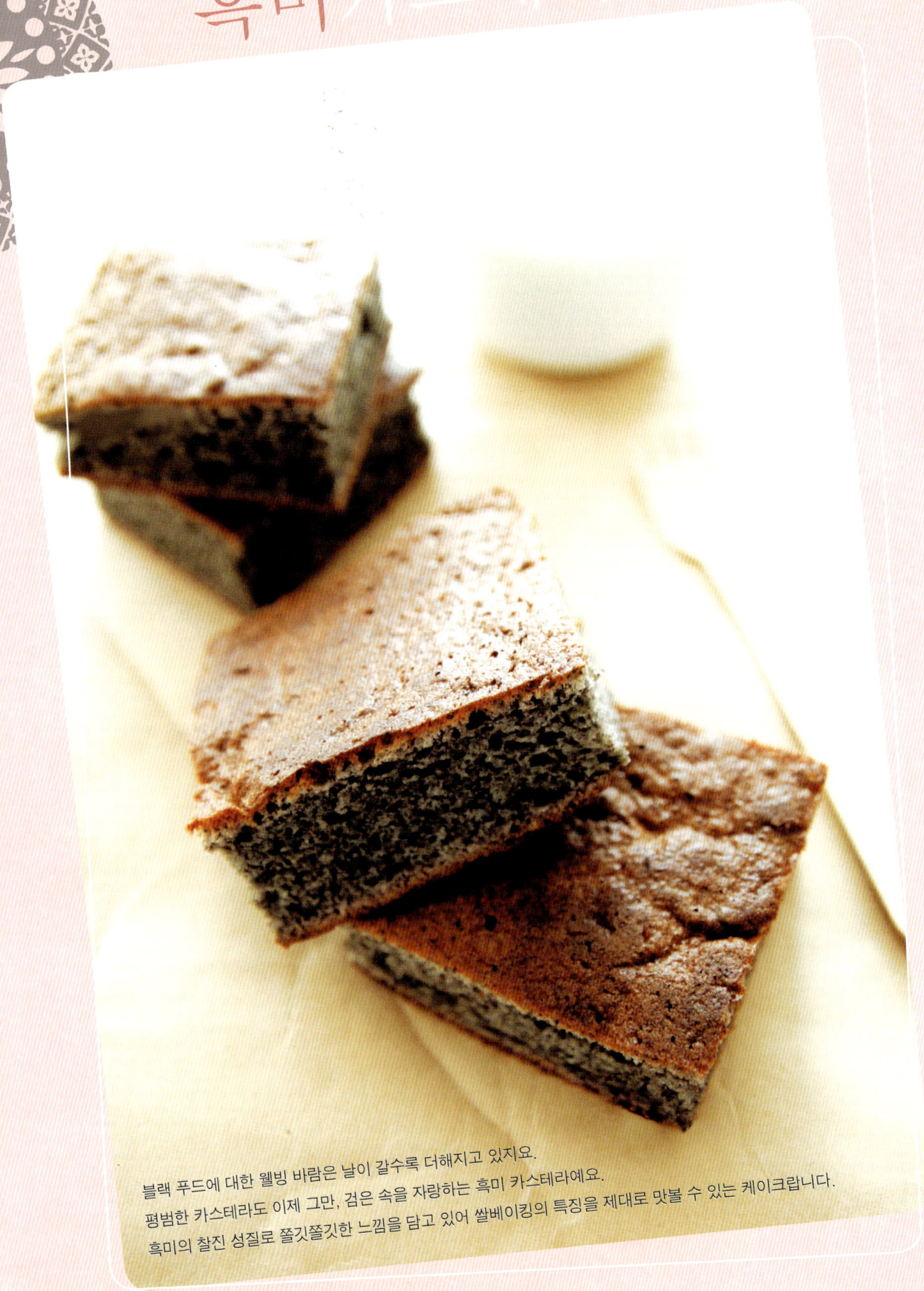

블랙 푸드에 대한 웰빙 바람은 날이 갈수록 더해지고 있지요.
평범한 카스테라도 이제 그만, 검은 속을 자랑하는 흑미 카스테라예요.
흑미의 찰진 성질로 쫄깃쫄깃한 느낌을 담고 있어 쌀베이킹의 특징을 제대로 맛볼 수 있는 케이크랍니다.

사각틀 1호 1개 분량

• 반죽

☐ 달걀 노른자 3개
☐ 설탕 20g
☐ 소금 1/4작은술
☐ 꿀 15g
☐ 우유 30g
☐ 럼주 1/2큰술
☐ 강력쌀가루 60g
☐ 흑미쌀가루 15g

• 머랭

☐ 달걀 흰자 3개
☐ 설탕 40g

170℃ 20분
→ 150℃ 40분 굽기

♥ 틀에 맞게 유산지 자르는 법

묽은 반죽을 구울 때에는 틀과 다 구워진 반죽이
달라붙지 않도록 틀에 유산지를 씌워 구워야 해요.
❶ 유산지 위에 틀을 올리고 사각틀보다 1cm 정
도 올라오도록 가늠해 종이를 잘라요.
❷ 틀 바닥을 기준으로 사방을 접어 선을 분명히
해요.
❸ 굵은 선으로 표시한 부분에 가위집을 내요.
❹ 틀에 접어 넣어요.

1. 볼에 거품기로 실온의 달걀 노른자를
풀다가 설탕과 소금을 더해 흰 거품이
생길 때까지 오래 저어요.

2. 여기에 꿀과 우유, 럼주를 섞어 렌지에
20초 정도 데워 따뜻하게 만든 것을 조
금씩 나누어 더해가며 계속 섞어요.

3. 강력쌀가루와 흑미쌀가루를 체에 내려
더하고 가볍게 섞어주세요.

4. 다른 볼에 달걀 흰자를 담고 설탕을 나
누어 더해가며 머랭을 만들어요.

5. 반죽에 머랭을 더해 거품이 꺼지지 않
도록 주의하며 한 번 더 가볍게 섞어요.

6. 유산지를 깔아둔 틀에 반죽을 부어내
고, 고무주걱으로 표면을 정리해 170℃
로 20분간 구워내고, 150℃로 내려 40분간
더 구워 속까지 완전히 익혀내요.

7. 다 구워진 후에는 틀째 뒤집어 식혔다
꺼내요.

가볍고 상큼하게

블루베리 요거트 머핀

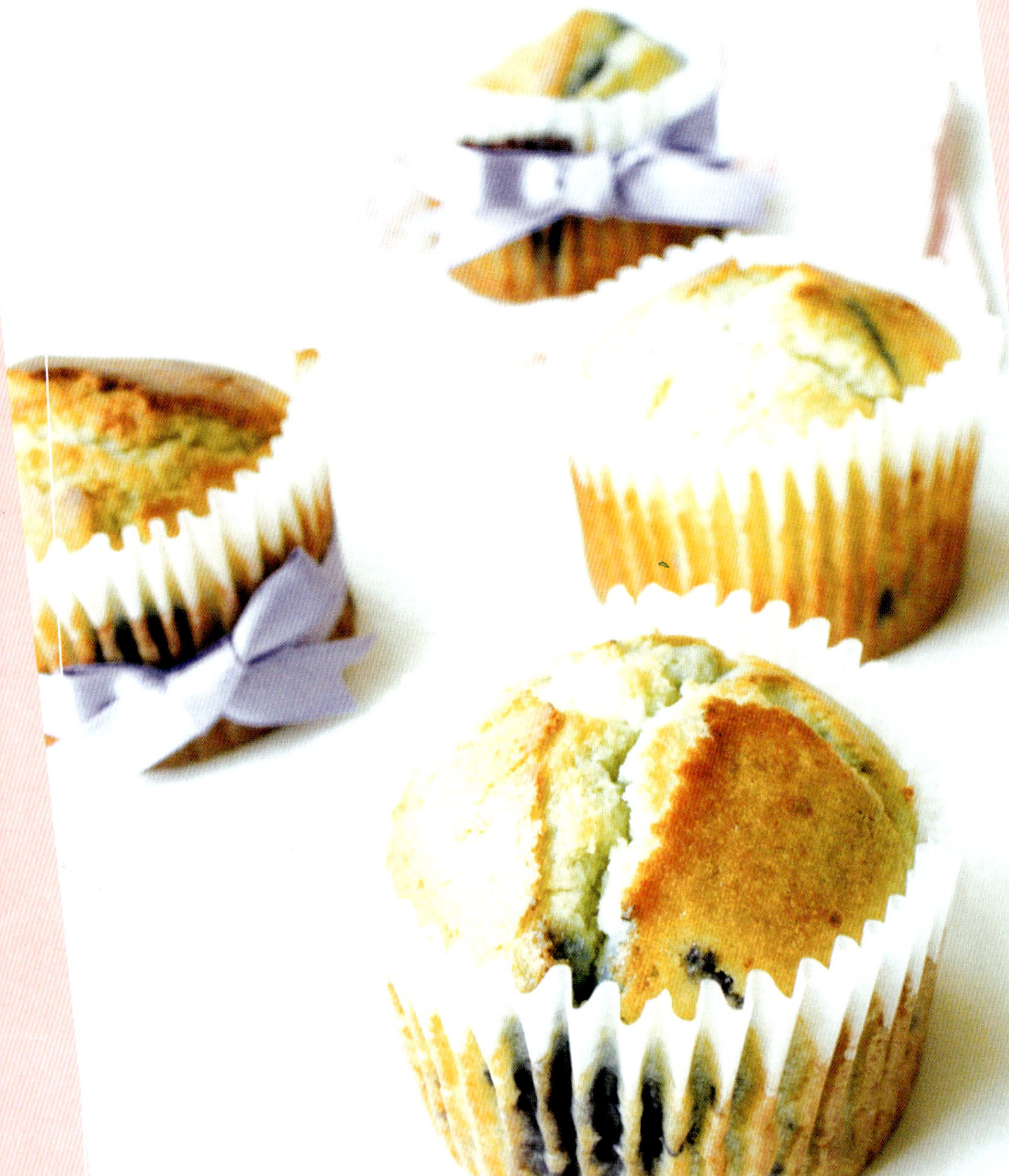

블루베리는 시력을 회복하는 데 도움을 주고, 백내장을 예방하는 등 우리 눈에 굉장히 좋은 과일이라고 해요. 신선한 블루베리에 요거트를 더해 가볍고 산뜻한 머핀을 만들어 보아요.

지름 6cm 머핀틀 6개 분량

- □ 버터 50g
- □ 설탕 50g
- □ 달걀 1개
- □ 플레인 요거트 50g
- □ 우유 50g
- □ 바닐라오일 1/2작은술
- □ 박력쌀가루 120g
- □ 소금 1/2작은술
- □ 베이킹파우더 1/2작은술
- □ 냉동 블루베리 60g

180℃ 25분 굽기

♥ 수입산이 아닌 신선한 국산 블루베리는 여기
서 구입했어요.
밝은세상 블루베리 농원 〉 0105.co.kr

1. 실온의 버터를 부드럽게 풀어 크림처럼
만들고 설탕을 나누어 넣어가며 고루
섞어 주세요.

2. 여기에 미리 풀어둔 실온의 달걀도 나
누어 더해가며 섞어요.

3. 실온의 요거트를 더해 섞다가 실온의
우유와 바닐라오일도 넣어 함께 섞어요.

4. 박력쌀가루와 소금, 베이킹파우더를 체
에 내려 더하고 주걱을 세워 날가루가
보이지 않도록 섞어요.

머핀틀에 반죽을 부을
때는 수저로 담는 것보다
계량컵으로 부어주면 깔끔해요.

5. 냉동실에서 꺼낸 블루베리를 그대로
넣고 대강 섞어 반죽을 마무리해요.

6. 머핀틀에 반죽을 70% 정도 채워 담고
180℃로 예열된 오븐에서 25분간 구워
내요.

하나만 먹어도 든든한

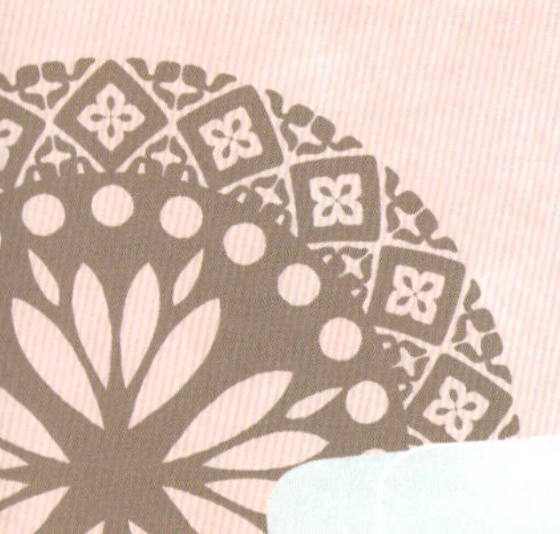

계란빵

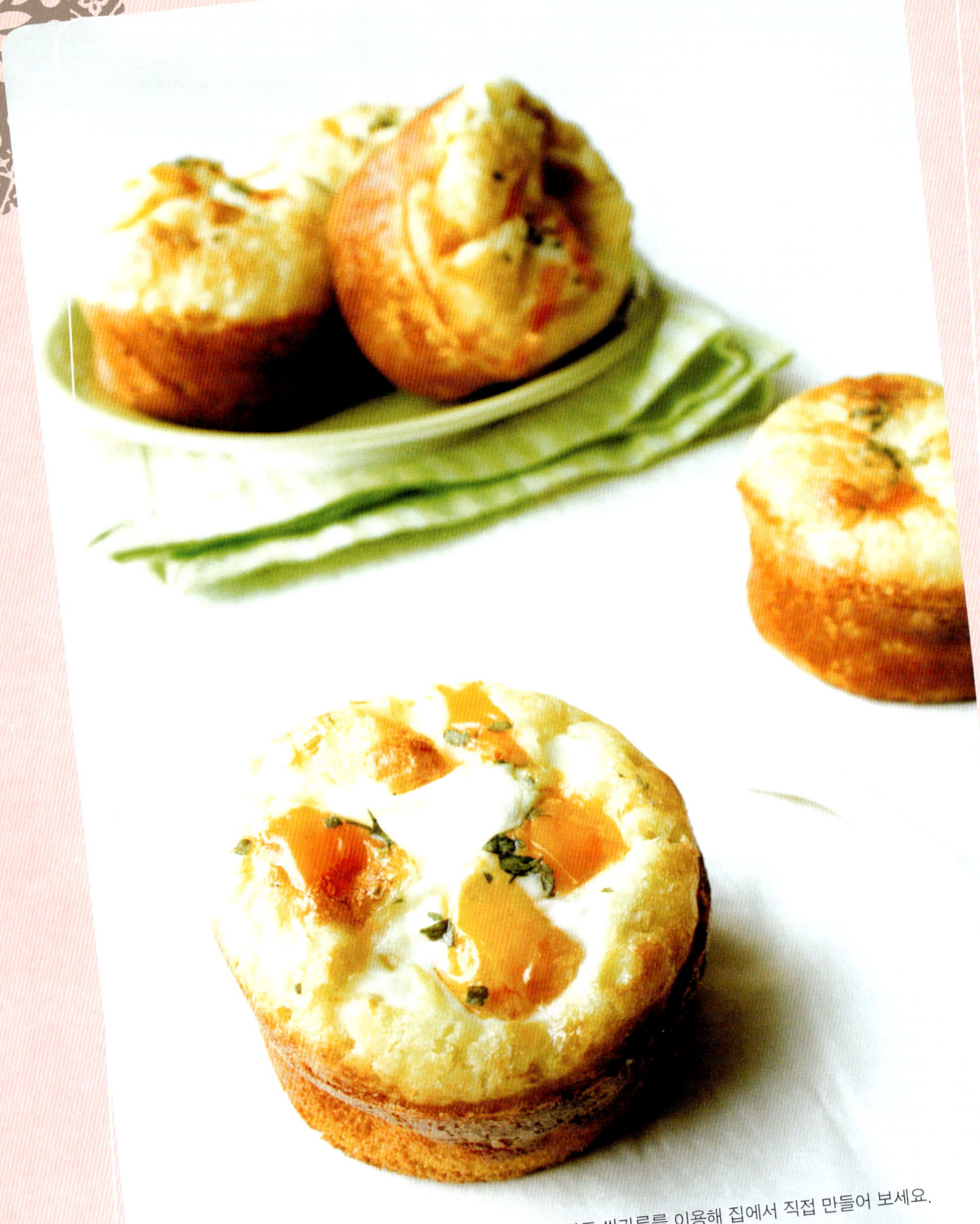

사계절 내내 언제 먹어도 맛나는 완소 길거리 간식, 계란빵도 쌀가루를 이용해 집에서 직접 만들어 보세요.
오븐에서 나오자 마자 바로 꺼내어 호호 불며 먹는 재미가 쏠쏠하답니다.

지름 6cm 머핀틀 6개 분량 

· 반죽
- [ ] 달걀 1/2개(25g)
- [ ] 설탕 20g
- [ ] 포도씨유 10g
- [ ] 우유 50g
- [ ] 바닐라오일 1/4작은술
- [ ] 박력쌀가루 50g
- [ ] 베이킹파우더 1/2작은술
- [ ] 소금 1/2작은술

· 토핑
- [ ] 달걀 6개
- [ ] 소금 약간
- [ ] 파슬리가루 1큰술
- [ ] 슬라이스치즈 1/2장

180℃ 20분 굽기

♥ 계란빵에 그날그날 집에 있는 재료에 따라 치즈 대신 햄이나 베이컨, 맛살이나 고기 볶은 것 등을 더해주면 냉장고 속 남은 재료를 맛있게 해결할 수 있답니다.
또 파슬리가 없다면 쪽파를 송송 썰어 올려도 좋구요, 케첩을 예쁘게 뿌려내면 아이들이 참 좋아해요.

1. 머핀틀에 미리 포도씨유(분량 외)를 넉넉히 발라두어요.

2. 볼에 달걀 1/2개를 먼저 풀고, 설탕을 넣어 거품기로 저어주세요.

3. 거품이 나면서 설탕이 어느 정도 녹으면 포도씨유를 더해 계속 섞고요.

4. 우유도 흘려 넣어가며 섞어 주고 바닐라오일도 더해주세요.

5. 박력쌀가루와 베이킹파우더, 소금을 체에 내려 주걱으로 날가루가 보이지 않도록만 섞어주어요.

6. 기름을 발라둔 틀에 ❺의 반죽을 1~1.5cm 정도로 부어요.

7. 틀마다 달걀을 하나씩 깨 넣고, 소금 약간과 파슬리가루, 슬라이스치즈 등을 얹어내 180℃로 예열된 오븐에 넣어 20분간 구워내요.

팝오버

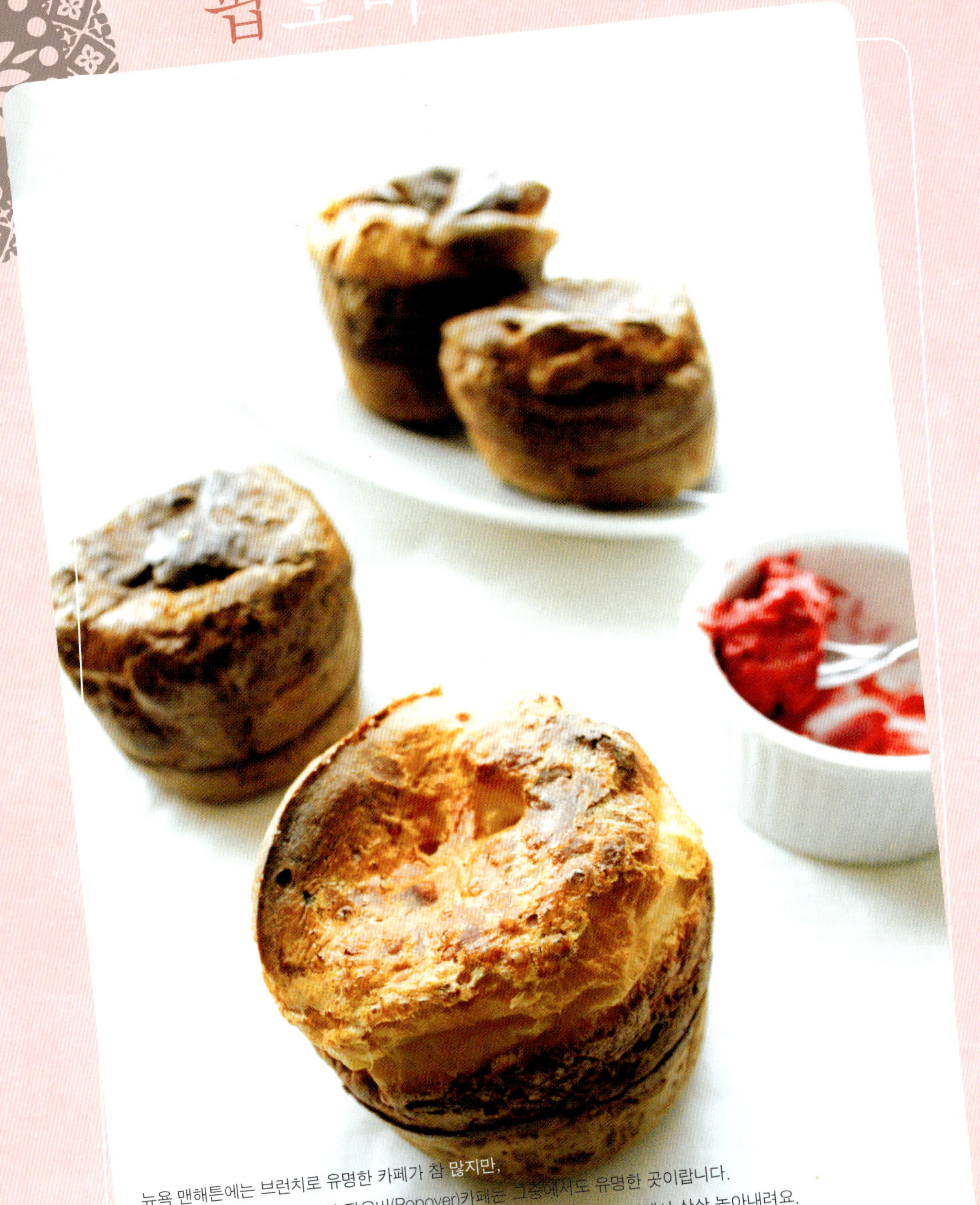

뉴욕 맨해튼에는 브런치로 유명한 카페가 참 많지만,

특히나 어퍼웨스트에 위치한 팝오버(Popover)카페는 그중에서도 유명한 곳이랍니다.

방금 구운 팝오버에 딸기 스프레드를 발라 먹으면 입에 들어가자마자 입에서 살살 녹아내려요.

팝오버 빵은 pop.over 라는 이름 그대로 굽는 동안 머핀처럼 마구마구 부풀어 올라 붙여진 이름이예요.

달걀과 우유로만 반죽해서 전용틀에 굽는데, 텅 비어있는 속살은 쫄깃 촉촉하고, 겉은 바삭바삭한 것이 특징이죠.

지름 6cm 머핀틀 6개 분량

- ☐ 포도씨유 1작은술
- ☐ 달걀 2개
- ☐ 우유 200g
- ☐ 소금 1/2작은술
- ☐ 강력쌀가루 50g
- ☐ 박력쌀가루 50g

♥ **팝오버와 같이 먹으면 맛있는 딸기 스프레드**

- ☐ 실온의 버터 30g   ☐ 꿀 10g
- ☐ 딸기파우더 3g   ☐ 레몬즙 1/4작은술

❶ 분량의 재료를 고루 섞어 주기만 하면 끝!
❷ 실온에 두고 먹어야 부드럽게 발라진답니다.

1. 머핀틀에 포도씨유를 고루 바르고 오븐에 넣어 틀과 함께 220℃로 예열해 주세요.

3. 달걀 푼 것에 실온의 우유, 소금을 더해 고루 섞어주고요.

5. 완성된 반죽을 뜨겁게 달구어 놓은 틀에 50~70% 정도로 재빨리 채워 부어 주세요. 220℃로 예열해 둔 오븐에서 20분간 굽다가 170℃로 내려 20분간 더 구워내면 완성이예요.

2. 오븐을 예열하는 동안 달걀을 거품기로 대강 풀어주세요. 너무 많이 젓지 않도록 해요.

4. 여기에 강력쌀가루와 박력쌀가루 섞은 것을 체에 2~3번 내려서 섞어요.

와플의 건강한 변신

찹쌀와플

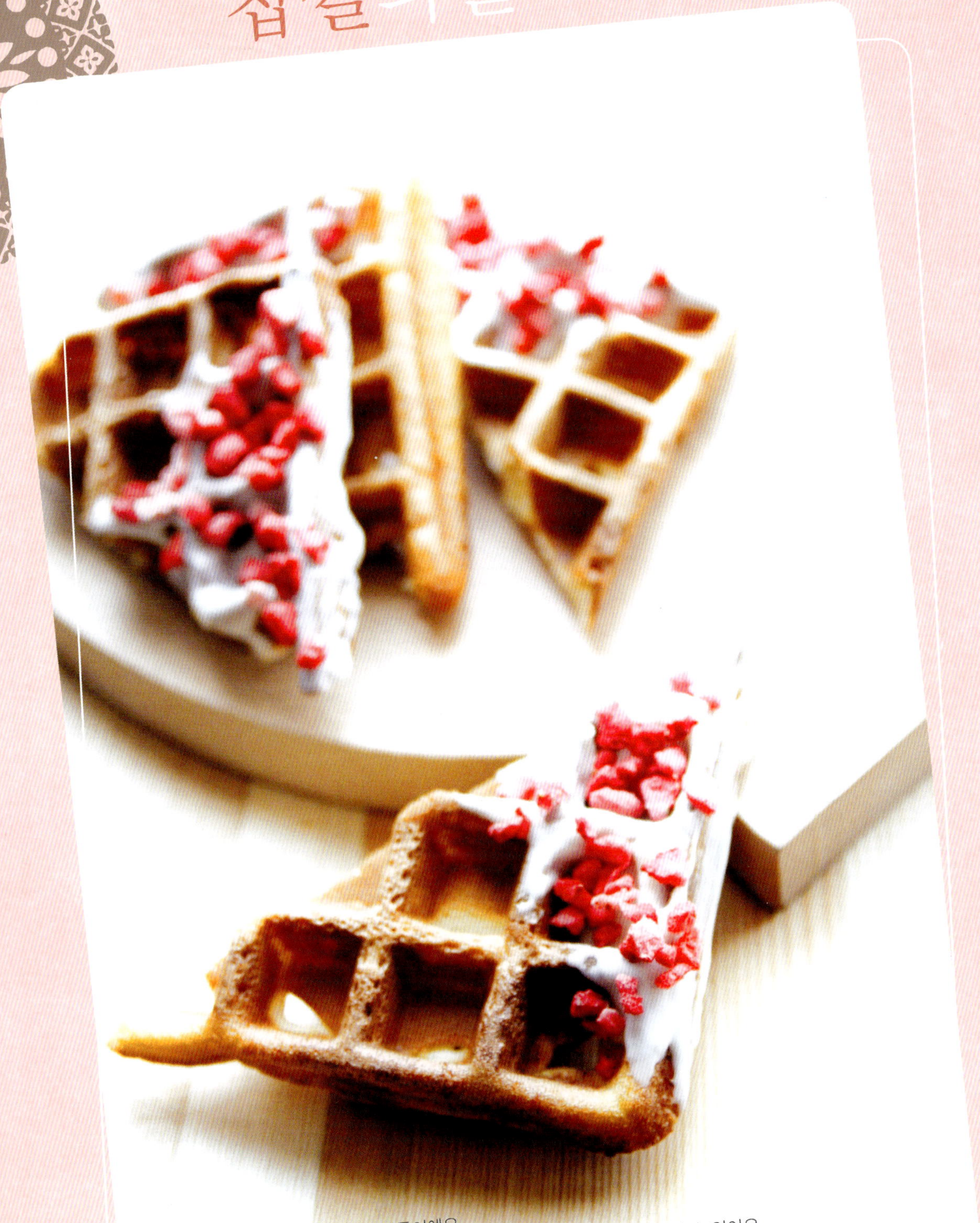

겉은 바삭, 속은 쫄깃 고소한 찹쌀 와플이에요.
우리땅에서 나는 찹쌀가루를 쓰고, 버터는 전혀 넣지 않아 건강까지 함께 챙길 수 있어요.
화이트초콜릿 코팅에 딸기칩까지 더하고 나면 너무 예뻐서 누군가에게 선물하고 싶어질 거예요.

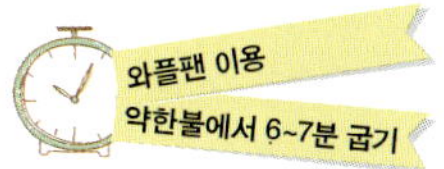

삼각형 모양 12조각 분량

• 반죽

☐ 달걀 1개
☐ 설탕 25g
☐ 우유 170g
☐ 포도씨유 15g
☐ 바닐라오일 1작은술
☐ 건식 찹쌀가루 120g
☐ 베이킹파우더 3g
☐ 소금 1g

• 장식

☐ 코팅용 화이트초콜릿 100g
☐ 딸기다이스 적당량

와플팬 이용
약한불에서 6~7분 굽기

♥ 입맛에 따라 견과류를 반죽에 더해 구워내도 좋아요.

1. 볼에 달걀을 풀고 설탕을 더해 고루 섞어요.

2. 설탕 입자가 어느 정도 녹아들면 우유를 나누어 넣어가며 계속 섞어요.

3. 분량의 포도씨유와 바닐라오일도 모두 넣어 잘 섞어줍니다.

4. 찹쌀가루와 베이킹파우더, 소금을 모두 섞어 체에 내리고, ❸과 섞어 반죽을 마무리해요.

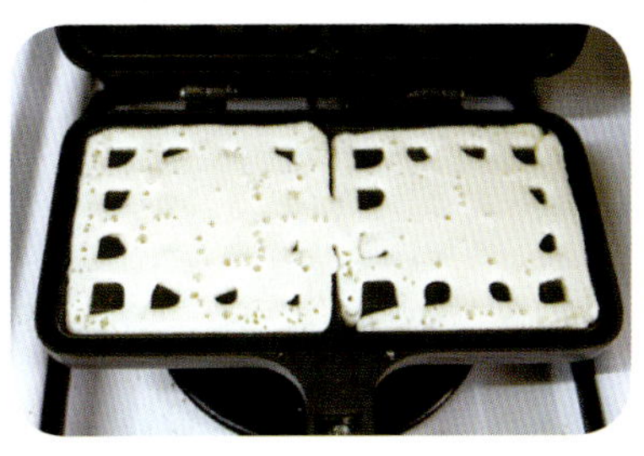

5. 여분의 포도씨유를 고루 발라 달구어 둔 팬에 반죽을 한 국자씩 떠서 양쪽에 부어요. 뚜껑을 덮고 약불에서 4분, 다시 뒤집어 2~3분 정도 구워낸 뒤 식힘망 위에서 한김 식혀내요.

6. 와플을 식히는 동안 코팅용 화이트초콜릿을 중탕으로 모두 녹여요.

7. 대각선으로 자른 와플의 반만 화이트초콜릿을 묻혀요.

8. 딸기다이스를 고루 뿌리고 실온에서 초콜릿을 완전히 굳히면 완성이예요.

초코찹쌀마들렌

사랑을 부르는 주문이라는 뜻의 예쁜 이름, 마들렌.
그리 어렵지 않게 만들 수 있고 선물하기에도 그만인 초코 찹쌀 마들렌으로
여러분들의 1년 365일 어느날이든 사랑 가득한 발렌타인으로 보내세요.

12~15개 분량

· 반죽

☐ 다크초콜릿 60g

☐ 달걀 2개

☐ 유기농 흑설탕 30g

☐ 녹인 버터 1큰술

☐ 우유 100g

☐ 찹쌀가루 120g

☐ 코코아가루 10g

☐ 소금 1/3작은술

☐ 베이킹파우더 1작은술

· 장식용

☐ 화이트초콜릿 100g

☐ 여러가지 버미셀리 약간

☐ 콩고물 약간

☐ 피스타치오 다진 것 약간

♥ 초코 찹쌀 마들렌을 장식하고 화이트초콜릿이 남았다면 남은 콩고물과 다진 피스타치오를 모두 섞어 틀에 부어 굳혀 보세요.
고소하고 부드러운 맛이 일품인 영양만점 인절미 초콜릿이 된답니다.

1. 볼에 다크초콜릿을 담고 아래에는 따뜻한 물을 담은 냄비를 받쳐서 중탕으로 초콜릿을 완전히 녹여요.

2. 볼에 실온의 달걀을 풀다가 유기농 흑설탕을 더해 계속 섞어요.

3. 설탕 입자가 녹아내리면 녹인 버터와 우유를 조금씩 흘려넣으며 분리되지 않도록 섞어요.

4. 찹쌀가루와 코코아가루, 소금, 베이킹파우더를 모두 섞어서 체에 내려요.

5. 여기에 녹인 다크초콜릿을 더해 고루 섞어줍니다.

6. 미리 버터를 고루 발라 둔 마들렌 틀에 반죽을 80% 정도로만 채워 담고, 180℃로 미리 예열한 오븐에서 15~20분간 구워내요.

7. 구워낸 마들렌을 틀째로 충분히 식혔다가 중탕으로 녹인 화이트초콜릿, 여러가지 장식용 고물을 순서대로 묻혀요.

8. 식힘망 위에서 초콜릿을 완전히 굳혀내요.

달콤하고 고소해요

호두피칸컵케이크

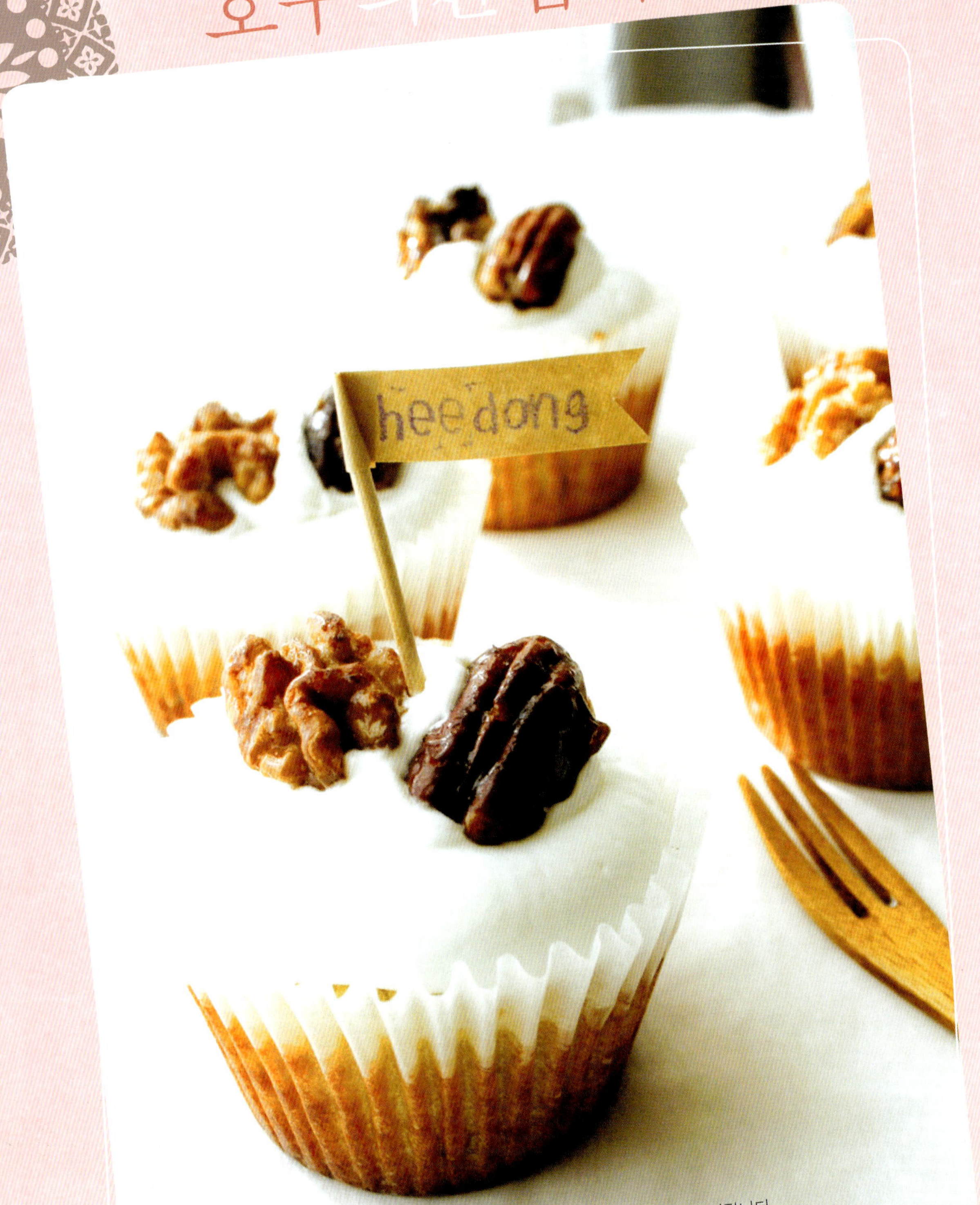

요즘은 컵케이크가 대세라지요?
하지만 시중의 컵케이크는 가격도 비싼데다 식용색소를 더해 만드는 것이 대부분이랍니다.
건강한 재료만 모아 내손으로 직접 근사한 컵케이크를 만들어 보세요.
고소하고 달콤한 캐러멜 장식은 보너스로 알려드릴게요.

지름 6cm 머핀틀 6개 분량

· 반죽
- [ ] 버터 70g
- [ ] 설탕 50g
- [ ] 달걀 1개
- [ ] 박력쌀가루 70g
- [ ] 베이킹파우더 1/2작은술
- [ ] 아몬드가루 50g
- [ ] 소금 약간
- [ ] 우유 90g
- [ ] 바닐라엣센스 1/2작은술
- [ ] 호두, 피칸 50g

· 크림
- [ ] 생크림 100g
- [ ] 설탕 10g

· 장식
- [ ] 캐러멜 코팅 호두와 피칸 6개씩

170℃ 20~25분 굽기

♥ 캐러멜 코팅 호두와 피칸 만들기
- [ ] 호두 6개
- [ ] 피칸 6개
- [ ] 설탕 15g
- [ ] 물 1/2큰술
- [ ] 버터 3g

❶ 코팅이 된 소스용 팬에 설탕 15g, 물 1/2큰술 을 넣고 젓지 말고 끓여요.
❷ 설탕 시럽이 보글보글 끓어오르면 알이 굵은 호두와 피칸을 넣고 설탕시럽이 고루 묻도록 계속 저어가며 졸여요.
❸ 투명하던 설탕 시럽이 점점 갈색빛으로 돌기 시작하면 버터를 넣어 재빨리 섞고 불을 꺼요.
❹ 불에서 내리자마자 뜨거울 때에 유산지를 깐 접시에 떨어뜨려 식혔다가 완전히 굳으면 사 용해요.

1. 실온의 버터를 거품기로 크림처럼 뭉침 없이 풀어주다가 설탕을 2~3번에 나누 어 넣어가며 부드러운 상태가 되도록 계속 휘핑해요.

2. 미리 풀어둔 실온의 달걀도 2~3번에 나 누어 넣어가며 분리되지 않도록 고루 섞어요.

3. 박력쌀가루와 베이킹파우더를 섞어 체 에 2~3번 내리고, ❷에 더해 주걱을 세 워 가볍게 섞어주고요.

4. 아몬드가루와 소금도 체에 내려 더해 주걱을 세워서 계속 섞어주다가 우유 와 바닐라엣센스, 4~5등분으로 자른 호두와 피칸도 넣어 주걱으로 가볍게 한 번 더 섞어 주어요.

5. 머핀팬에 일회용 유산지컵을 깔고 반죽 을 70~80% 정도 채운 다음, 170℃로 예열한 오븐에서 20~25분간 구워내요.

6. 다 구워진 머핀은 틀에서 꺼내어 식힘 망 위에 얹어 1시간 정도 충분히 식혀 두었다가, 부드럽게 휘핑한 생크림을 원형깍 지로 둥글게 짜서 올려요.

7. 여기에 캐러멜 코팅 호두와 피칸을 보 기 좋게 올려내요.

당근컵케이크

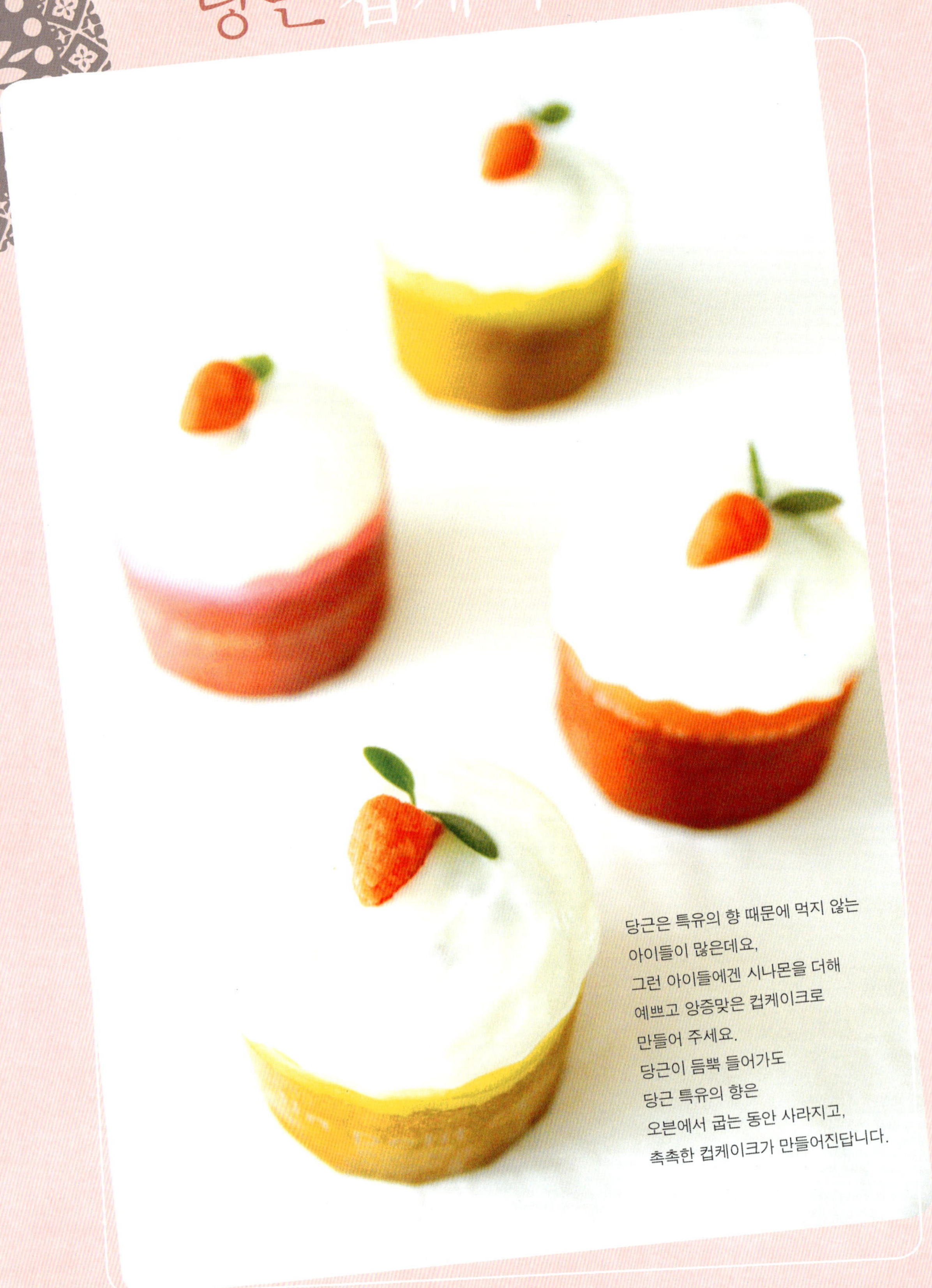

당근은 특유의 향 때문에 먹지 않는
아이들이 많은데요,
그런 아이들에겐 시나몬을 더해
예쁘고 앙증맞은 컵케이크로
만들어 주세요.
당근이 듬뿍 들어가도
당근 특유의 향은
오븐에서 굽는 동안 사라지고,
촉촉한 컵케이크가 만들어진답니다.

지름 6cm 머핀틀 6개 분량

• 반죽
- [ ] 당근(1개) 60g
- [ ] 달걀 2개
- [ ] 흑설탕 80g
- [ ] 포도씨유 40g
- [ ] 바닐라오일 1/2작은술
- [ ] 박력쌀가루 120g
- [ ] 아몬드가루 50g
- [ ] 베이킹파우더 1작은술
- [ ] 계피가루 1작은술
- [ ] 소금 1/3작은술

• 크림치즈 아이싱
- [ ] 크림치즈 120g
- [ ] 버터 20g
- [ ] 설탕 1큰술
- [ ] 슈거파우더 30g
- [ ] 레몬즙 1/2작은술

♥ 당근을 갈아서 즙을 짜낸 건더기를 레시피보다 넉넉히 만들어 두었다가 설탕과 함께 졸여내 당근잼을 만들어 장식해 보세요.
무순으로 잎을 만들어 내면 장식까지도 맛있게 먹을 수 있는 근사한 컵케이크가 된답니다.

1. 당근은 깨끗이 씻어 껍질을 벗기고 강판에 곱게 갈아낸 후 즙을 꼭 짜내어 건더기만 준비해 두어요.

2. 볼에 실온의 달걀을 풀다가 흑설탕을 더해 거품기로 고루 섞어요.

3. 포도씨유를 흘려넣으며 섞고, 바닐라오일도 함께 더해 주세요.

4. 박력쌀가루와 아몬드가루, 베이킹파우더, 계피가루, 소금을 모두 섞어 체에 내려 섞고 주걱을 세워 날가루가 보이지 않을 정도로만 섞어요.

5. 즙을 짜낸 당근 건더기를 넣고 한 번 더 섞어요.

6. 머핀컵을 끼운 머핀틀의 70%까지만 반죽을 채워 담고 180℃로 예열된 오븐에서 25~30분간 구워내요.

7. 컵케이크를 굽는 동안 실온의 크림치즈와 버터를 볼에 담고 거품기로 풀어 크림처럼 부드럽게 만들어 주다가 설탕, 슈거파우더, 레몬즙을 차례로 더해가며 섞어 크림치즈 아이싱을 만들어요.

8. 구워낸 당근 컵케이크는 식힘망 위에서 충분히 식혔다가 냉장고에 넣어둔 크림치즈 아이싱을 위에 듬뿍 발라요.

딸기크림치즈컵케이크

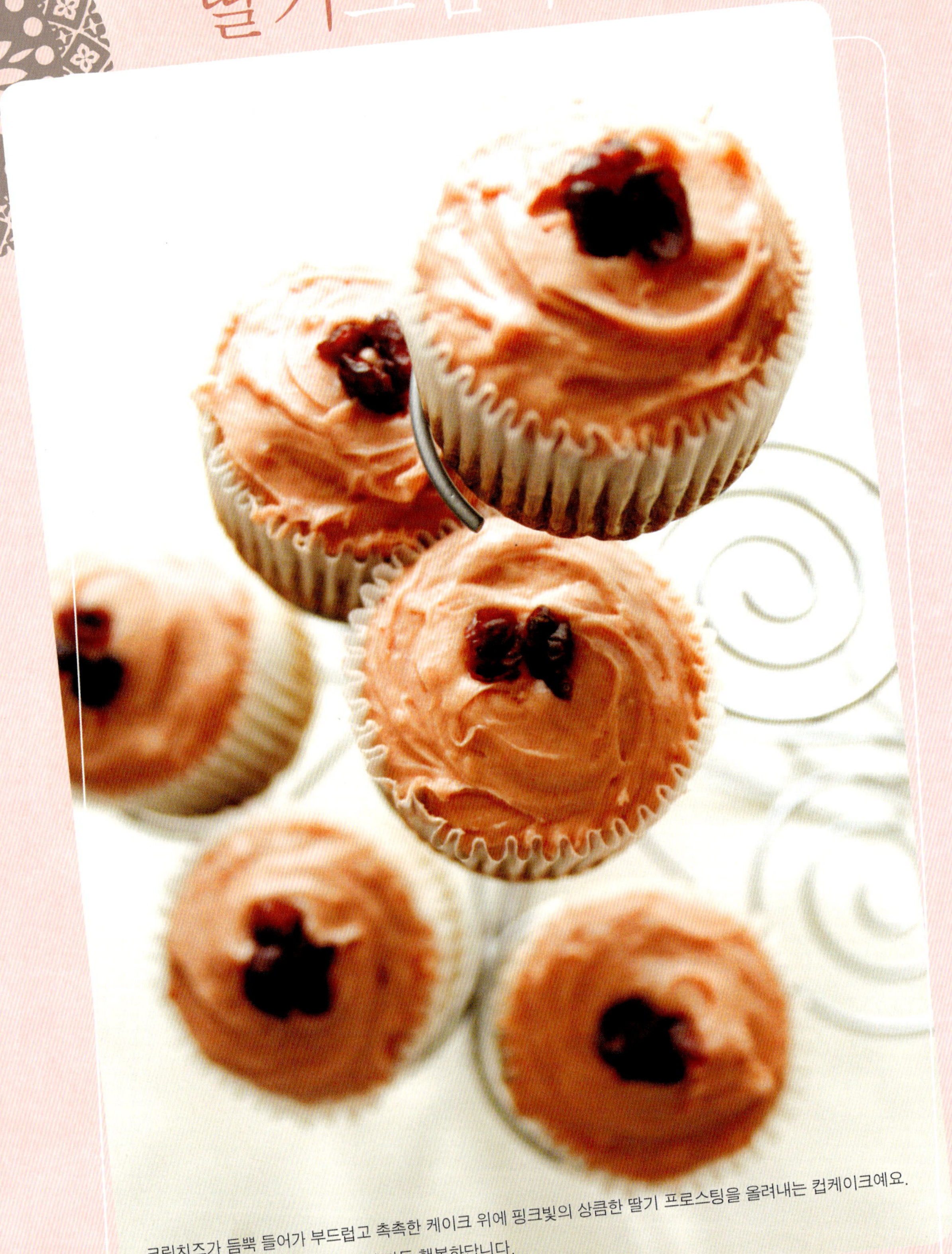

크림치즈가 듬뿍 들어가 부드럽고 촉촉한 케이크 위에 핑크빛의 상큼한 딸기 프로스팅을 올려내는 컵케이크예요.
딸기와 치즈가 만나 달콤상큼 한입 가득 행복하답니다.

지름 6cm 머핀틀 6개 분량

• 반죽
☐ 크림치즈 80g
☐ 버터 50g
☐ 설탕 80g
☐ 달걀 1개
☐ 바닐라오일 1/2작은술
☐ 박력쌀가루 110g
☐ 탈지분유 20g
☐ 아몬드가루 15g
☐ 베이킹파우더 1/2작은술
☐ 소금 1/4작은술(1g)

• 딸기크림 장식(크림치즈 프로스팅)
☐ 크림치즈 80g
☐ 버터 50g
☐ 슈거파우더 100g
☐ 딸기파우더 5g
☐ 레몬즙 3g
☐ 건크랜베리 약간

 170℃ 18~20분 굽기

♥ 크림치즈 프로스팅은 크림치즈의 독특한 식감 덕분에 밀도가 굉장히 높고 쫀득함이 살아있는 느낌이예요. 보다 부드러운 맛을 원할 땐 크림치즈의 비율을 줄이고, 버터의 비율을 높여 만들어 보세요.

1. 실온의 크림치즈와 버터를 거품기로 풀어 부드러운 크림처럼 만들어요.

2. 설탕을 3번에 나누어 넣어가며 계속 섞어요.

3. 달걀과 바닐라오일도 차례로 더해 분리되지 않도록 주의하며 섞어주세요.

4. 박력쌀가루, 탈지분유, 아몬드가루, 베이킹파우더, 소금을 모두 체에 내려 더하고 주걱을 세워 날가루가 보이지 않도록만 고루 섞어요.

5. 유산지를 끼워 둔 머핀틀에 짤주머니나 수저를 이용해 반죽을 70%정도만 채워 담아요.

6. 170℃로 예열된 오븐에서 18~20분간 구워내고 틀째로 2분간 식힌 뒤, 식힘망 위에서 1시간 정도 속까지 완전히 식을 수 있도록 해주세요.

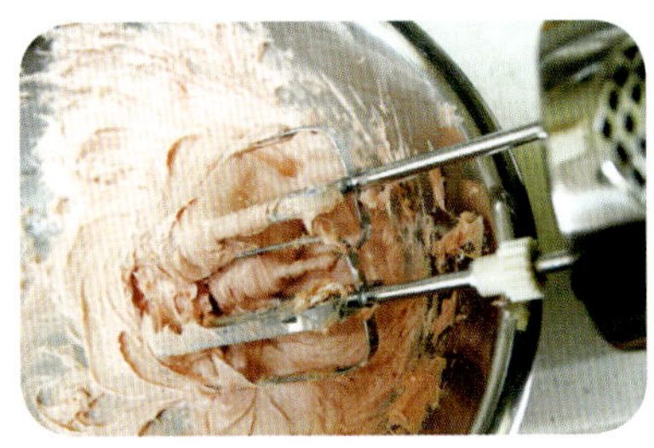

7. 볼에 실온의 크림치즈와 버터를 담고 핸드믹서를 이용해 부드럽게 풀어주다가 분량의 슈거파우더와 딸기파우더, 레몬즙을 차례대로 더해가며 섞어요.

8. 스패츌러를 이용해 ❼에서 만든 프로스팅을 넉넉히 올리고 중앙에 건크랜베리 2~3개를 올려내면 완성이예요.

바나나 초코 컵케이크

바나나를 더해 만드는
촉촉하고 진한
초코 컵케이크예요.
달콤한 버터크림이
쌉싸름한 초코케이크와
완벽한 하모니를 이룬답니다.
사랑스러운 달콤함에 빠져
잠시나마 다이어트 생각은 잊어버리게 될 거예요!

지름 6cm 머핀틀 6개 분량

・반죽
- 버터 80g
- 설탕 50g
- 달걀 1개
- 바닐라오일 1/2작은술
- 박력쌀가루 90g
- 코코아가루 15g
- 베이킹파우더 1/2작은술
- 소금 1g
- 우유 3큰술
- 으깬 바나나 90g
- 초코칩 30g

・크림
- 버터 90g
- 슈거파우더 200g
- 바닐라오일 1작은술
- 우유 2큰술

・장식용 초콜릿 6개, 여분의 코코아 가루

170℃ 20분 굽기

♥ 컵케이크는 컵케이크 전용 상자에 담아야 안
전하고 예쁘게 선물할 수 있어요.

1. 실온의 버터를 부드럽게 풀다가 설탕을
나누어 더해 크림처럼 만들어요.

2. 미리 풀어둔 실온의 달걀을 더해 분리
되지 않도록 주의하며 섞고 바닐라 오
일도 더해주세요.

3. 박력쌀가루와 코코아가루, 베이킹파우
더, 소금을 모두 체에 내려 더하고 주걱
을 세워 대강 섞어요.

4. 우유를 더해 날가루가 보이지 않도록
만 섞어요.

5. 으깬 바나나와 초코칩을 더해 한 번 더
섞고 반죽을 마무리 해요.

6. 완성된 반죽을 짤주머니에 넣어 머핀컵
에 70% 정도 채워요.

7. 170℃로 예열된 오븐에서 20분간 구
워내고 틀째로 1~2분 정도 두었다가 식
힘망 위로 옮겨서 1시간 정도 충분히 식혀요.

8. 컵케이크를 식히는 동안 바닐라 버터크
림을 만들어요.

♥ 초콜릿 사인판을 이용해 케이크 장식도 직접 만들어 보세요. 다크초콜릿을 중탕으로 녹여 사인판을 채우고 냉동실에서 굳혀 두었다가 사용하면 됩니다.

9. 버터를 부드럽게 풀다가 슈거파우더를 3번에 나누어 더해가며 고루 섞어요. 바닐라오일로 향을 더하고, 우유를 더해 농도를 조절해요.

10. 충분히 식은 케이크 위에 스패츌라를 이용해 머핀틀을 가득 채워주는 느낌으로 버터크림을 넉넉히 올려주세요.

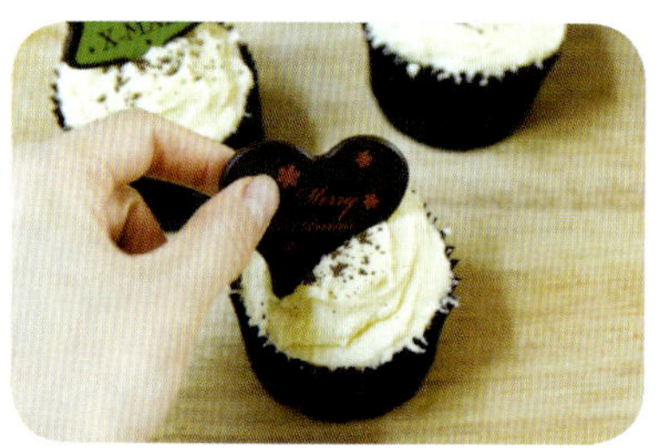

11. 초콜릿으로 장식하고 여분의 코코아 가루를 뿌려 장식해요.

서리태 두부 치즈케이크

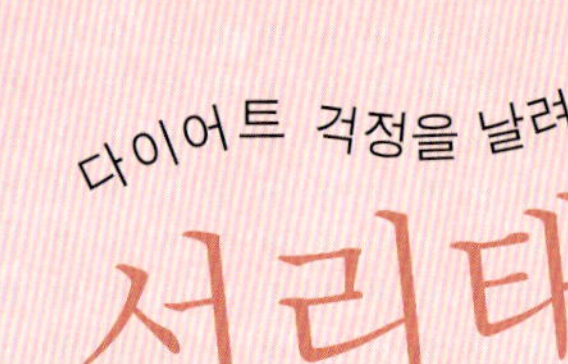

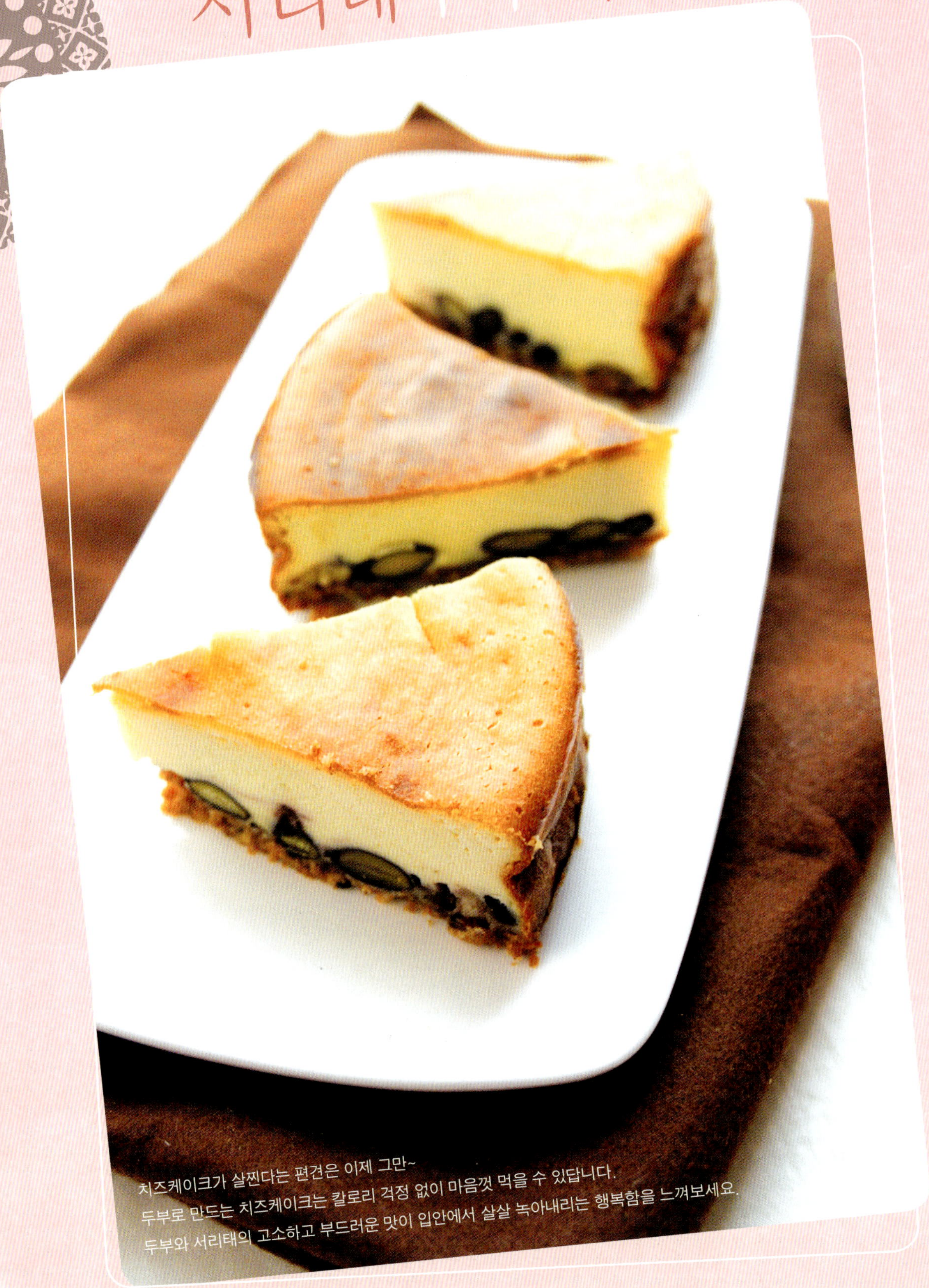

치즈케이크가 살찐다는 편견은 이제 그만~
두부로 만드는 치즈케이크는 칼로리 걱정 없이 마음껏 먹을 수 있답니다.
두부와 서리태의 고소하고 부드러운 맛이 입안에서 살살 녹아내리는 행복함을 느껴보세요.

원형틀 1호 1개 분량

- 반죽
  - ☐ 두부(단단한 것) 220g
  - ☐ 크림치즈 70g
  - ☐ 생크림 70g
  - ☐ 플레인요거트 20g
  - ☐ 달걀 2개
  - ☐ 꿀 2큰술
  - ☐ 설탕 2큰술
  - ☐ 박력쌀가루 1큰술
  - ☐ 레몬즙 2작은술

- 케이크시트
  - ☐ 다이제스티브 90g
  - ☐ 녹인 버터 25g

- 서리태조림
  - ☐ 서리태 40g
  - ☐ 물 2컵
  - ☐ 설탕 20g
  - ☐ 소금 1/4작은술

150℃ 60분 굽기

♥ 시판 다이제스티브를 이용해도 되지만 더욱 건강한 케이크를 만들기 위해서는 시트에 사용되는 쿠키도 직접 만들어 사용하면 좋아요. 먹다 남은 눅눅한 쿠키를 활용할 수도 있고요.
저는 참깨 스틱(p.70)과 알파벳 호밀 쿠키(p.72)로 만들어 봤는데 깨와 호밀이 더해져 더욱 고소한 맛의 케이크로 만들 수 있었답니다.

1. 깨끗이 씻은 서리태를 미리 1시간 정도 물에 불려두었다가 그 물에 소금과 설탕을 더해 끓여서 물기가 자작해질 때까지 완전히 삶고, 체에 받쳐 물기를 빼두어요.

3. 잘게 부순 쿠키 가루를 볼에 담고 녹인 버터를 더해 주걱으로 고루 섞어요.

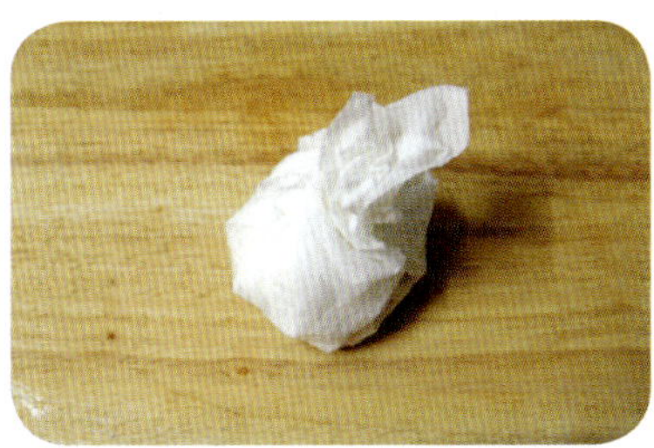

5. 두부는 면보를 이용해 수분을 꼭 짜서 준비해 주세요.

7. ❹ 위에 삶아낸 콩을 고루 깔고 믹서로 갈아낸 반죽 재료를 모두 부어 틀을 채운 후 바닥에 탁탁 내리쳐서 공기를 빼주세요.

2. 케이크시트를 만들 쿠키는 비닐봉지에 담고 밀대로 밀어 잘게 부숴요.

치즈 케이크틀은 바닥이 분리되는 것을 이용하는 게 좋아요.

4. 케이크틀에 유산지를 깔고 ❸의 쿠키 가루를 바닥에 고르게 펴서 꾹꾹 눌러 담아요.

6. 믹서에 수분을 뺀 두부와 나머지 반죽 재료를 모두 넣고 곱게 갈아 반죽을 완성해요.

다 구워진 케이크는 완전히 식힌 후, 틀에서 분리하고, 냉장고에서 하루 정도 넣어두면 치즈케이크만의 부드럽고 고소한 맛이 더욱 진해져요.

8. 150℃로 예열된 오븐에서 1시간 동안 서서히 구워내요.

진한 초콜릿의 유혹

클래식 쇼콜라 케이크

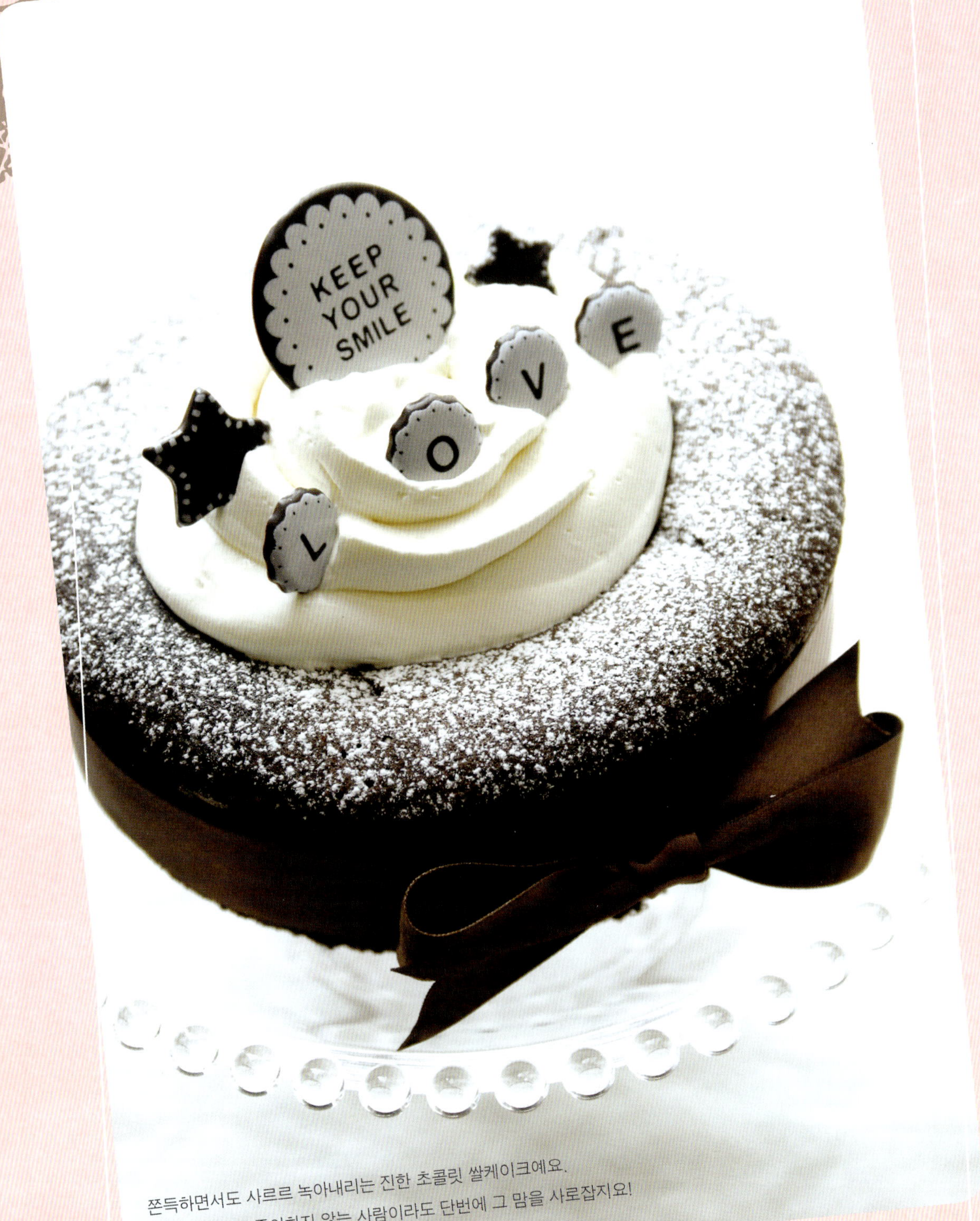

쫀득하면서도 사르르 녹아내리는 진한 초콜릿 쌀케이크예요.
평소 초콜릿을 좋아하지 않는 사람이라도 단번에 그 맘을 사로잡지요!

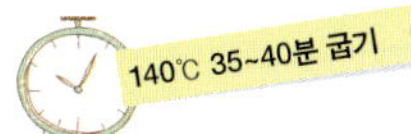

원형틀 1호 1개 분량

• 반죽
☐ 다크초콜릿 65g
☐ 버터 50g
☐ 생크림 65g
☐ 달걀 흰자 2개 분량(80g) + 설탕 25g
☐ 달걀 노른자 2개 분량(40g) + 설탕 65g
☐ 코코아파우더 40g
☐ 박력쌀가루 20g

• 장식
☐ 생크림 100g
☐ 설탕 20g
☐ 슈거파우더 20g

140℃ 35~40분 굽기

1. 다크초콜릿과 버터, 생크림을 볼에 담고 중탕으로 완전히 녹여 고루 섞어두어요.

2. 볼에 흰자를 모두 넣고 핸드믹서로 거품을 내다 설탕을 3번에 나누어 넣어가며 단단하게 머랭을 만들어요.

3. 다른 볼에 노른자와 설탕을 모두 넣고 뽀얀 색이 돌도록 거품을 내요.

4. ❶에 코코아파우더를 체에 내려 더하고 날가루가 보이지 않도록 고루 섞어요.

5. 여기에 ❸에서 거품낸 노른자를 넣어 거품기로 고루 섞고요.

6. 체에 내린 박력쌀가루를 더해 고무주걱으로 날가루가 보이지 않도록 섞어주세요.

7. ❷의 흰자 머랭을 절반만 넣고 거품이 꺼지지 않도록 주의하며 주걱을 아래에서 위로 올려 섞어요.

8. 나머지 절반을 더해 같은 방법으로 고루 섞어 반죽을 마무리해요.

♥ 쇼콜라 케이크는 가루류가 적게 들어가는 특성상 구운 후에 가운데가 갈라지며 꺼지기 쉽답니다.
가뭄나듯 쩍쩍 갈라지고 가운데가 푹 꺼져도 절대 잘못 만든 것이 아니니 안심하세요~!

♥ 초콜릿 사인판을 이용하면 더욱 예쁜 케이크를 만들 수 있답니다. 케이크를 식히는 동안 코팅용 다크초콜릿을 사인판에 부어 냉동실에서 10분간 굳혀내었다가 생크림 위에 콕콕 올려주기만 하면 돼요.

9. 유산지를 씌워둔 원형 팬에 담고 140℃로 예열한 오븐에서 35~40분간 구워내요.

10. 생크림에 분량의 설탕을 넣고 거품기로 단단히 휘핑해 짤주머니에 담고, 완전히 식힌 쇼콜라 케이크 위에 넉넉히 짜올려요.

11. 슈거파우더를 체에 내려 윗면에 고루 뿌려주면 완성이예요.

LOVE
KEEP
YOUR
SMILE
LOVE

스트로베리쇼트케이크

딸기가 듬뿍 들어가 더욱 사랑스러운
스트로베리 쇼트케이크예요.
스트로베리 쇼트케이크 만화 속
귀여운 주인공이 되어 더
예쁘고 맛있게 만들어 보세요.

원형틀 1호 1개 분량

- 쌀케이크 시트
  만들기는 p.38를 참고하세요.

- 시럽
  ☐ 물 100g
  ☐ 설탕 50g
  ☐ 럼주 1큰술 또는 럼향 약간

- 장식
  ☐ 생크림 250g
  ☐ 설탕 50g
  ☐ 딸기 300g
  ☐ 슈거파우더 15g
  ☐ 서브리모 약간

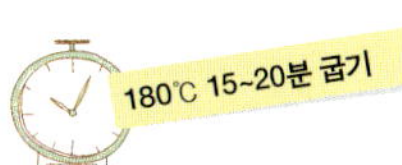
180℃ 15~20분 굽기

♥ 설탕 장식 만들기

케이크 장식은 딸기와 슈거파우더만으로도 예쁘지만 설탕 장식을 더하면 훨씬 더 고급스러워 보여요.

❶ 시트에 바르고 남은 시럽에 설탕 2큰술을 넣고 갈색이 나도록 끓여요.
❷ 잠시 식혔다가 초콜릿 중탕볼을 뒤집어 수저로 지그재그로 뿌려두면 왕관 모양의 설탕 장식이 만들어진답니다.

설탕 장식은 생크림에 닿으면 시간이 지나면서 생크림 속 수분에 의해 녹아내릴 수 있으니 케이크를 내기 바로 직전에 올려주시는게 좋아요.

1. 쌀케이크 시트 만들기(p.38)를 참고해 미리 만들어 수평으로 3등분해 잘라 두어요.

3. 설탕 입자가 녹으면 불에서 내리고 럼주나 럼향을 더해 완전히 식혀두어요.

5. 시트의 제일 아랫단에 ❸에서 만들고 식혀둔 시럽을 촉촉히 발라요.

7. 생크림 위로 5mm로 얇게 썰어둔 딸기를 올리고, 그 위로 다시 시트 - 시럽 - 생크림 - 딸기 순으로 반복해 올려주세요.

2. 냄비에 분량의 물과 설탕을 넣고 젓지 말고 그대로 끓여요.

생크림 휘핑하기(p.43)를 참고해요.

4. 차가운 볼에 생크림 250g을 담고 설탕 50g을 3번에 나누어 더해가며 휘핑해 단단한 생크림을 만들어요.

6. 그 위로 ❹에서 휘핑한 생크림을 스패출라를 이용해 고루 발라 주세요.

8. 제일 위에 딸기를 올려 장식하고 딸기에만 서브리모를 발라준 뒤 슈거파우더를 고루 뿌려내면 완성이예요.

와플케이크

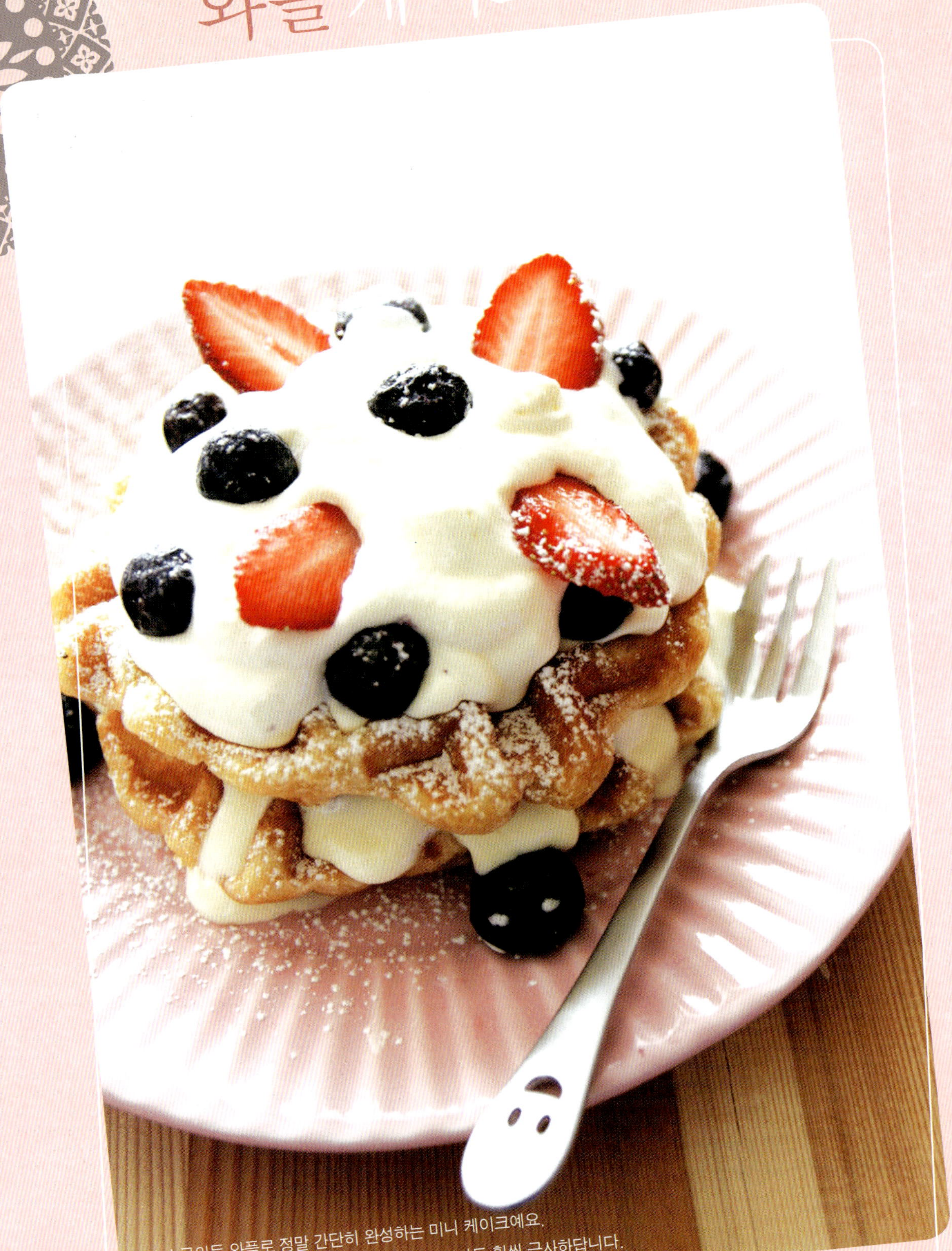

미리 구워둔 와플로 정말 간단히 완성하는 미니 케이크예요.
상큼한 과일까지 곁들여 내면 웬만한 케이크보다도 훨씬 근사하답니다.

1개 분량

☐ 와플 2장
☐ 생크림 100g
☐ 설탕 20g

· 토핑
☐ 생과일 적당량
☐ 슈거파우더 20g

♥ 제철 과일을 이용하면 더 맛있고 건강하게 먹을 수 있어요. 취향에 따라 다양하게 이용해 보세요.

1. 와플은 미리 넉넉히 구워두었다가 밀봉하여 냉동실에 보관해 두고 드세요.

2. 실온에서 충분히 해동시킨 와플을 180℃로 예열한 오븐에 넣어 5분 정도 구워주세요.

3. 생크림에 설탕을 나누어 더해가며 단단히 휘핑해요.

4. 접시에 구운 와플 한 장을 올리고 휘핑한 생크림을 중앙에만 짜올려요.
다시 나머지 와플 한 장을 올린 후 생크림 - 과일 - 슈거파우더 순서로 장식해요.

PART

04

빵
Bread

담백하고 쫄깃한 쌀로 만든 빵은
집에서 직접 만드니 믿을 수 있고, 맛과 건강까지 챙길 수 있지요.
싱싱한 채소와 과일, 달콤한 크림과 잼을 곁들이면
웬만한 만찬도 부럽지 않아요.
갓 구워낸 고소한 빵의 만찬을 즐겨보세요.
영양 가득한 우리 쌀가루의 깊고 그윽한 맛을 느낄 수 있답니다.

모닝빵

동글동글한 모양이 너무너무 귀여운 모닝빵은요, 쌀가루로 만들면 훨씬 더 담백하고 쫄깃해요.
저는 갓 구워낸 모닝빵을 반으로 갈라서 한 쪽엔 딸기잼, 다른 쪽엔 생크림을 발라 먹는 것을 참 좋아한답니다.
모닝빵 맛있게 먹는 다른 방법이 있다면 제게도 살짝 알려주시겠어요?

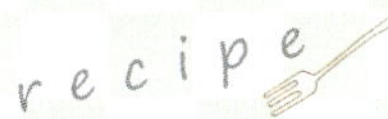

10개 분량

• 반죽
- [ ] 강력쌀가루 230g
- [ ] 박력쌀가루 50g
- [ ] 드라이이스트 5g
- [ ] 설탕 25g
- [ ] 소금 5g
- [ ] 달걀 40g
- [ ] 따뜻한 물 130g
- [ ] 버터 5g

• 달걀물
- [ ] 달걀물(달걀 푼 것 2큰술+물 1큰술+소금 약간)
- [ ] 녹인 버터 약간

♥ 가끔은 모닝빵으로 샌드위치를 만들어 먹어도 별미랍니다. 미니 사이즈라서 예쁘게 먹을 수 있거든요.

1. 강력쌀가루와 박력쌀가루를 체에 내려 섞고 3개의 홈에 각각 드라이이스트, 설탕, 소금을 넣은 다음 주변의 쌀가루로 덮어요.

2. 35℃ 정도로 따뜻하게 데운 물과 달걀을 조금씩 부어가며 주걱으로 대강 뭉쳐주고, 손으로 15분 정도 힘껏 치대어가며 반죽해요.

3. 반죽이 한 덩어리로 뭉쳐지면 버터를 더해 다시 10분 정도 더 반죽해서 표면이 매끈해지도록 충분히 치대요.

4. 치댄 반죽을 약 50g씩 10개로 나눠주고 둥글려준 뒤 윗면에 랩을 덮어 실온에서 15분간 중간발효해요.

5. 중간발효 후 다시 둥글려 팬 위에 올린 뒤 40℃ 정도에서 40~50분간 발효하고, 윗면에만 붓으로 달걀물을 고루 발라요.

6. 180℃로 예열한 오븐에서 18~20분간 구워내요.

7. 다 구워진 빵은 오븐에서 꺼내자마자 윗면에 녹인 버터를 발라주면 표면이 반짝반짝 예쁜 모닝빵이 돼요.

크랜베리베이글

달걀도, 버터도, 우유도 전혀 들어가지 않는 순수 건강빵이예요.
비타민C가 풍부하고 항산화 작용을 도와주는 크랜베리를 더해 만든 베이글은 크림치즈와 곁들이면 훨씬 더 맛있답니다.
쌀가루 특유의 쫄깃함으로 데치는 과정 없이 보다 간편하게 만들어 보아요.

6개 분량

- 반죽
- ☐ 건크랜베리 60g
- ☐ 럼주 3큰술
- ☐ 강력쌀가루 350g
- ☐ 드라이이스트 7g
- ☐ 설탕 1큰술
- ☐ 소금 1작은술
- ☐ 따뜻한 물 240g

♥ 베이글을 더 맛있게 먹는 방법!
유지가 들어가지 않아 담백한 베이글에는 크림치즈를 스프레드해 먹어야 맛있답니다.
크림치즈에 딸기나 라즈베리, 블루베리 등의 과일 잼을 넣고 섞거나 바싹 구운 베이컨과 마늘, 견과류, 송송 썬 실파 등을 섞어내 스프레드를 만들면 더욱 맛있게 베이글을 즐길 수 있어요.

1. 크랜베리는 미리 럼에 최소 1시간~반나절 정도 담가 불린 후, 물기를 빼서 준비해 두어요.

2. 발효빵 반죽법(p.39)을 참고해 반죽하다가 표면이 어느 정도 매끄러워지면 크랜베리를 더해 15분간 더 치대어요.

3. 반죽을 6등분으로 나누고 둥글려서 랩을 덮어 준 뒤, 실온에서 20분간 중간발효해요.

4. 중간발효 후 손바닥으로 꾹 눌러 공기를 빼고 밀대로 긴 타원형이 되도록 밀어준 뒤, 김밥 싸듯 돌돌 말아올리고 이음새를 꼬집어 잘 붙여주세요.

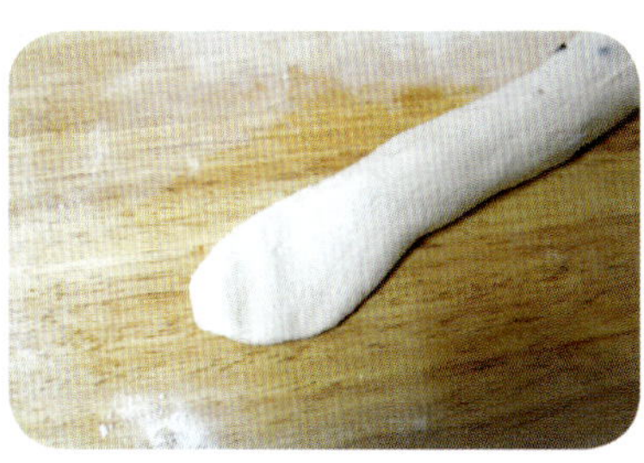

5. 밀대의 끝부분을 이용해 말아올린 반죽의 한쪽 끝만 납작하게 눌러요.

6. 도너츠 모양으로 말아서 납작하게 눌린 반죽의 끝이 다른 한쪽을 감싸듯 붙여요.

7. 오븐팬 위에 올리고 35~40℃ 정도의 따뜻한 곳에서 2배로 부풀어 오를 때까지 40분간 발효해요.

8. 2배로 부풀어 오른 반죽을 180℃로 예열된 오븐에 넣어 15~20분간 구워내요.

토마토빵

생 토마토로 예쁘게 물들인 귀여운 쌀빵이예요.
진짜 토마토를 갈아 반죽하기 때문에 훨씬 더 촉촉하고 부드러운 속살을 자랑한답니다.
버터나 달걀 없이 싱싱한 채소로 예쁜 쌀빵을 만들어 보자구요!

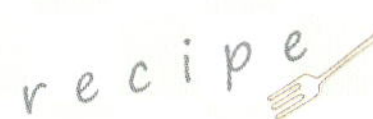

8개 분량

- 방울토마토 갈은 것 140g(약 10개)
- 강력쌀가루 200g
- 탈지분유 10g
- 드라이이스트 4g
- 소금 3g
- 설탕 15g
- 포도씨유 10g
- 롤치즈 60g

♥ 쉬폰 케이크 포장 비닐에 담아 빨간 털실로 리본 묶어주면 빵이 마르는 것도 방지하고, 빨간 털실이 토마토빵의 빛깔을 한층 더 돋보이게 해 줄 거예요.

1. 꼭지를 제거한 방울토마토에 십자 모양으로 칼집을 내주세요.

3. 껍질을 모두 벗긴 방울토마토는 그대로 믹서에 곱게 갈아 140g이 되도록 준비해요.

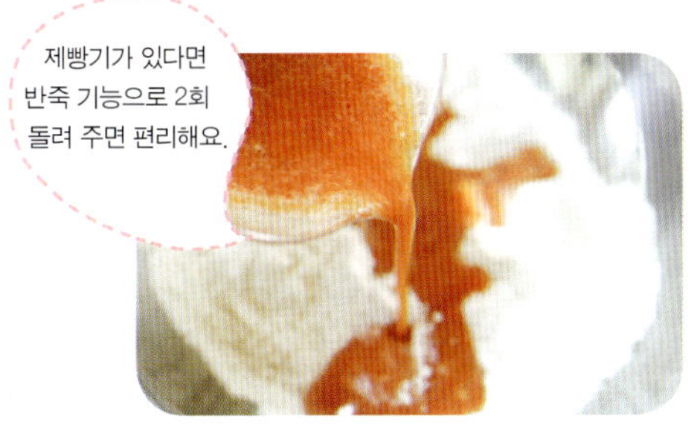

5. 여기에 ❸에서 갈아둔 토마토를 모두 부어 5분 정도 치대어 주다가 한 덩어리로 뭉쳐지면 분량의 포도씨유를 더해 15분 정도 충분히 치대요.

7. 중간발효 후 손바닥으로 눌러 가스를 제거하고 김밥 말듯 돌돌 말아 올린 뒤, 일정한 간격으로 8등분해 반죽을 잘라 주세요.

2. 끓는 물에 20초 정도 데쳐내 껍질을 모두 벗겨내요.

4. 볼에 강력쌀가루와 탈지분유를 체에 2~3번 내려 담고 홈을 3개 파요. 각각의 홈에 드라이이스트, 소금, 설탕을 담고 주변의 쌀가루로 덮어 두세요.

6. 반죽이 거의 다 되었을 때 롤치즈를 더해 한 번 더 치대어준 후, 마무리해 반죽을 둥글리고 랩을 덮어 실온에서 20분간 중간발효해요.

8. 잘라낸 반죽을 둥글려 팬 위에 올리고 랩을 덮어 35~40℃ 정도의 따뜻한 곳에서 40분간 발효해요.

9. 발효 후 각각의 반죽을 손바닥으로 한 번 더 눌러 가스를 제거하고 둥글려요. 가위로 윗부분에 십자 모양으로 칼집을 내고 170℃로 예열된 오븐에서 15~20분간 구워 내요.

고추롤치즈빵

고추의 향긋한 냄새가 솔~솔~, 한입 베어물 때 마다 매콤함이 입안 가득~
한국 사람 입맛에 안성맞춤인 고추 롤치즈빵이예요.
첫맛은 매콤하지만, 뒷맛은 롤치즈가 부드럽게 감싸준답니다.

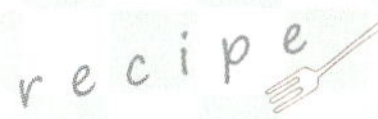

12개 분량

- ☐ 강력쌀가루 210g
- ☐ 설탕 1큰술
- ☐ 소금 1/2작은술
- ☐ 드라이이스트 1/2작은술
- ☐ 따뜻한 물 60g
- ☐ 우유 90g
- ☐ 버터 15g
- ☐ 청양고추 3개
- ☐ 롤치즈 50g
- ☐ 여분의 장식용 쌀가루 10g

180℃ 12~15분 굽기

♥ 아이들에겐 맵지 않은 색색의 파프리카로 만
들어 주면 더 좋아요.

1. 볼에 강력쌀가루를 체에 쳐서 담고 홈
을 3개에 각각 소금, 설탕, 드라이이스
트를 넣은 후, 주변의 쌀가루로 홈을 덮어주
세요.

2. 35℃ 정도로 따뜻하게 데운 물과 우유
를 더해 주걱으로 고루 섞어요.
반죽이 한 덩어리로 찰기있게 뭉쳐지면 분량
의 버터를 더해 반죽이 매끄러워 질 때까지
15분간 열심히 치대주세요.

3. 씨를 제거하고 가로 * 세로 0.5cm 정도
로 자른 청양고추를 더해 1분간 더 반
죽해요.

4. 반죽을 동그랗게 뭉쳐 젖은 면보나 랩을
씌워 마르지 않도록 해주고, 실온에 15
분간 중간발효를 시켜요.

5. 중간발효시킨 반죽은 약 30g씩 12개
로 나누고 동글려 납작하게 한 후에 롤
치즈 4~5개씩을 넣고 오므려서 한 번 더 동
글려 주어요.

6. 팬에 유산지를 깔고 둥글리기한 반죽
을 간격을 띄워 올려준 뒤 젖은 면보나
랩을 씌우고, 40℃에서 50분간 반죽이 2배로
부풀 때까지 2차 발효를 시킵니다.

7. 반죽이 2배로 부풀면 반죽 표면에 장
식용 쌀가루를 체에 내려 뿌려주고
180℃로 예열한 오븐에 넣어 12~15분간 구
워내요.

롤치즈파빵

우리 음식에는 파를 참 자주 사용하지요.
파에 들어있는 알리신 성분은 혈액의 흐름을
원활하게 해주고 몸을 따뜻하게 보호한다고 해요.
저는 치즈와 함께 넣어 롤빵을 만들어 보았어요.
치즈의 느끼함은 파의 향기로 잡아주고, 파의 매운맛은 치즈가 부드럽게 녹여준답니다!

 **8개 분량**

· 반죽
- [ ] 파 15g
- [ ] 강력쌀가루 150g
- [ ] 드라이이스트 1/2작은술
- [ ] 설탕 1/2작은술
- [ ] 소금 1/2작은술
- [ ] 우유 45g
- [ ] 따뜻한 물 45g
- [ ] 포도씨유 1/2큰술

· 토핑
- [ ] 롤치즈 60g

 170℃ 20분 굽기

♥ 롤치즈는 마트의 치즈 코너에서 구입하거나 홈 베이킹 전문 인터넷 쇼핑 몰에서 쉽게 구입할 수 있어요.

1. 파를 잘게 다져두어요.

2. 파와 포도씨유를 제외한 모든 재료를 넣고 반죽하다가 반죽이 한 덩어리가 되면 포도씨유를 더해 15분간 더 치대요.

3. 반죽의 표면이 매끄러워지면 다진 파를 더해 2분 정도 더 치대요.

4. 완성된 반죽은 둥글리고 랩을 씌워 실온에서 20분간 중간발효해요.

5. 밀대를 이용해 직사각형 모양으로 밀어주고 롤치즈를 골고루 뿌려요.

6. 김밥 말듯 돌돌 말아주고 이음새 부분은 벌어지지 않도록 잘 꼬집어요.

7. 칼로 8등분해서 썰어요.

8. 유산지나 데프론시트를 깐 오븐팬 위에 간격을 띄워 올리고 35℃ 정도의 따뜻한 곳에서 20~30분 정도 발효시켜요. 반죽이 2배로 부풀어 오르면 170℃로 예열된 오븐에서 20분간 구워내요.

부드럽고 촉촉한 속살

우유 식빵

우유를 넉넉히 넣고 만드는 쫄깃하고 촉촉한 식빵이에요.
쌀가루 특유의 식감이 더해져 씹는 맛도 더 좋아지고, 속까지 든든한 간식이 된답니다.

20 * 10 * 10cm 식빵틀 1개 분량

- ☐ 달걀 1개
- ☐ 우유 200g
- ☐ 강력쌀가루 330g
- ☐ 설탕 30g
- ☐ 소금 5g
- ☐ 드라이이스트 5g
- ☐ 버터 20g

180℃ 30분 굽기

♥ 쌀가루로 만든 빵은 밀가루 빵과 달리 조금 더 묵직하고, 빨리 굳는답니다. 먹다 남은 식빵은 먹기 좋게 잘라서 공기가 통하지 않는 밀폐용기에 담아 냉동실에 보관하고, 그때그때 토스터기나 프라이팬에 구워먹는 게 좋아요. 남은 식빵으로 크로크 무슈(p.254)를 만들어 먹으면 색다른 메뉴로도 즐길 수 있답니다.

반죽이 마르지 않도록 젖은 면보나 랩을 덮어주거나, 발효 기능이 있는 오븐을 사용할 때에는 컵에 따뜻한 물을 담아 같이 넣어서 발효시키도록 하세요.

1. 볼에 실온의 달걀과 우유를 고루 섞어 주어요.

2. 다른 볼에 체에 내린 강력쌀가루를 담고 3개의 홈에 각각 설탕, 소금, 드라이이스트를 넣고 주변의 쌀가루로 구멍을 덮어요.

3. ❷에 ❶을 나누어 부어가며 반죽하다가 반죽이 한 덩어리가 되면 실온의 버터를 더해요. 표면이 매끈해질 때까지 15~20분 정도 반죽을 해요.

4. 완성된 반죽을 스크래퍼로 3등분 하고 둥글려서, 나중에 반죽이 잘 떨어지도록 버터를 살짝 바른 볼이나 작업대 위에 놓고 랩을 씌워 실온에서 20분간 중간발효해요.

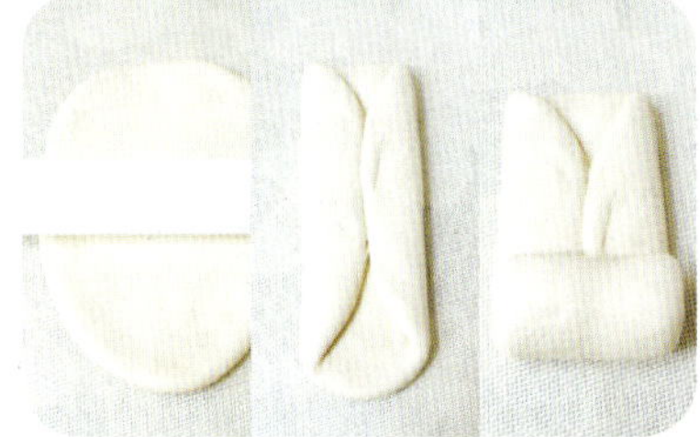

5. 중간발효된 반죽은 밀대로 타원형이 되도록 밀어주세요. 좌우 양끝을 가운데로 접어 올리고, 끝에서부터 돌돌 말아요.

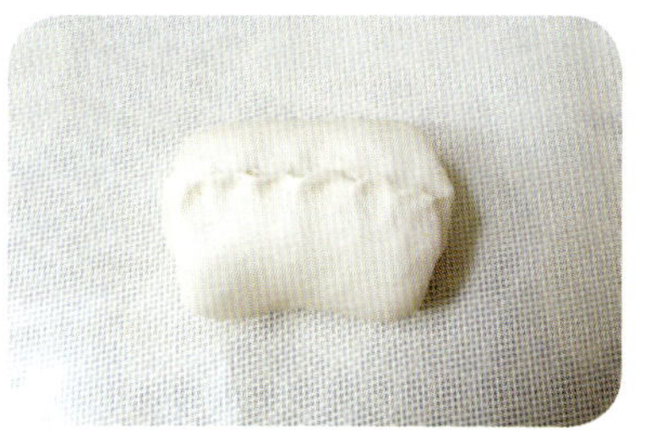

6. 반죽이 벌어지지 않도록 이음새 부분은 잘 꼬집어 마무리해요.

7. 나머지 반죽 2개도 같은 방법으로 만들어, 버터(레시피 외)를 바른 틀에 꼬집은 쪽이 아래를 향하도록 나란히 넣고 35~40℃에서 60분간 2차 발효합니다.

8. 반죽이 2배로 부풀어 오르면 180℃로 예열된 오븐에 넣어 30분간 구워내요.

단팥빵

나이가 드신 분들이라면 누구나 단팥빵에 관한 아련한 추억들을 간직하고 계실 거예요.
아마도 그러한 추억들 때문에 단팥빵은 시간이 흘러도 꾸준히 사랑받는 빵 중에 하나가 아닐까하는 생각이 들어요.
부모님의 추억으로 채워 속이 가득 찬 단팥빵을 만들어 볼까요?

 **6개 분량**

- **반죽**
  - ☐ 강력쌀가루 150g
  - ☐ 설탕 15g
  - ☐ 소금 2g
  - ☐ 드라이이스트 2g
  - ☐ 물 50g
  - ☐ 우유 30g
  - ☐ 버터 20g

- **속재료**
  - ☐ 팥앙금 180g
  - ☐ 통조림밤 6개

- **달걀물**
  - ☐ 달걀 노른자 1개
  - ☐ 우유 1큰술

♥ 통조림밤이 없다면 겉면에 달걀물만 고루 발라내 구워도 먹음직스러워요.
달걀물은 빵이 노르스름하게 구워지도록 하는 역할을 하기 때문에 단팥빵에서는 빠뜨려선 안 될 중요한 과정이예요.

1. 반죽 재료를 모두 섞어 반죽해요.

2. 완성된 반죽을 6등분으로 나누어 둥글리고 랩을 씌워 실온에서 20분간 중간 발효해요.

3. 중간발효하는 동안 팥앙금도 30g씩 나누어 둥그렇게 뭉쳐 두어요.

4. 중간발효한 반죽을 밀대로 밀어주세요.

5. 반죽을 손바닥 위에 올리고 중앙에 팥앙금을 올려 보자기 싸듯 잘 꼬집어 여며주세요.

6. 유산지나 데프론시트를 깐 오븐팬 위에 간격을 띄워 올리고 손바닥으로 윗부분을 살짝 눌러요.
중앙에 물기를 제거한 통조림밤을 꾹 눌러 주고, 35~40℃ 정도로 따뜻한 곳에서 30~40분 정도 2배로 부풀도록 발효시킵니다.

7. 달걀 노른자와 우유를 섞어 만든 달걀물을 윗면에 고루 발라주고 180℃로 예열한 오븐에서 12~15분간 구워내요.

소보로빵

곰보빵이라고도 불리는 울퉁불퉁 못생긴 소보로빵.
하지만 소보로빵 없는 빵가게는 찾아볼 수 없을 정도로 그 인기는 오랜 시간 식을 줄 모르는 거 같아요.

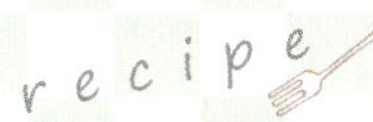

6개 분량

• 반죽
☐ 강력쌀가루 150g
☐ 드라이이스트 1/2작은술
☐ 설탕 1큰술
☐ 소금 1/4작은술
☐ 물 50g
☐ 우유 30g
☐ 버터 20g

• 소보로
☐ 버터 30g
☐ 땅콩버터 20g
☐ 설탕 30g
☐ 달걀 노른자 1/2개
☐ 바닐라엣센스 1/2작은술
☐ 박력쌀가루 40g
☐ 베이킹파우더 1/4작은술
☐ 소금 1g
☐ 달걀 흰자 1/2개

♥ 소보로를 만들 때에 땅콩분태를 함께 넣어 만들면 고소함이 배가 된답니다. 빵과 빵 사이에 딸기잼을 발라 먹어도 잘 어울려요.

1. 버터를 제외한 모든 재료를 넣고 반죽하다가 반죽이 한 덩어리가 되면 실온의 버터를 더해 15분간 더 치대어 주세요.

2. 완성된 반죽은 6등분해서 둥글리고 랩을 씌워 실온에서 20분간 중간발효해요.

3. 중간발효하는 동안 소보로를 만들어요. 볼에 실온의 버터와 땅콩버터를 섞어 크림화하고 설탕을 더해 계속 섞어요.

4. 달걀 노른자와 바닐라엣센스도 더해 섞고요.

5. 체에 내린 박력쌀가루와 베이킹파우더, 소금을 주걱을 세워 섞어 보슬하게 만들어 소보로를 완성해요.

6. 중간발효를 마친 반죽을 손바닥으로 꾹 눌러 가스를 빼준 뒤에 다시 둥글리고 한쪽에만 달걀 흰자를 묻힌 후에 그대로 소보로 위에 찍어 고루 묻혀주세요.

7. 유산지나 데프론시트를 깐 오븐팬 위에 간격을 두어 올린 후, 35℃ 정도의 따뜻한 곳에서 30~40분간 발효해요. 2배로 부풀어 오르면 180℃로 예열한 오븐에서 15~20분간 구워내요.

커스터드크림 빵

저는 어릴적부터 생크림, 버터크림 보다도
바닐라향의 노란 커스터드크림을 젤 좋아했었어요.
그래서인지 아직도 커스터드크림을 보면
연노랑 빛깔이 마냥 귀엽게 느껴지더라고요.
어릴 적 즐겨먹던 슈크림빵을 달콤한 커스터드크림을
빵빵하게 채워 직접 만들어 보세요~

6개 분량

• 반죽
- [ ] 강력쌀가루 150g
- [ ] 드라이이스트 1/2작은술
- [ ] 설탕 1큰술
- [ ] 소금 1/4작은술
- [ ] 물 50g
- [ ] 우유 30g
- [ ] 버터 20g

• 속
- [ ] 커스터드크림 100g

• 달걀물
- [ ] 달걀 노른자 1개
- [ ] 우유 1큰술

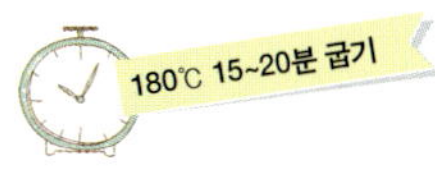
180℃ 15~20분 굽기

♥ 오븐 열이 너무 세서 속은 다 익지 않았는데 겉의 색이 너무 진해진다 싶을 때는 어느 정도 색이 난 후에 호일을 빵 위에 덮어서 구워주세요. 더 이상 색이 진해지는 것을 막아준답니다.ㅋ

1. 커스터드크림은 미리 만들어 차갑게 식혀두어요.

2. 버터를 제외한 모든 재료를 넣고 반죽하다가 반죽이 한 덩어리가 되면 실온의 버터를 더해 15분간 더 치대어 주세요.

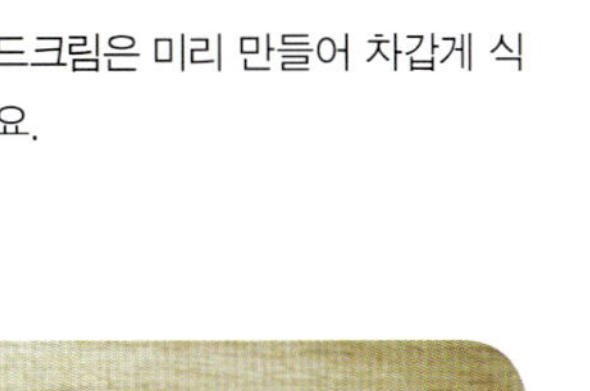

3. 완성된 반죽은 6등분 해서 둥글리고 랩을 씌워 실온에서 20분간 중간발효해요.

4. 중간발효하는 동안 커스터드크림을 짤주머니에 담아 두어요.

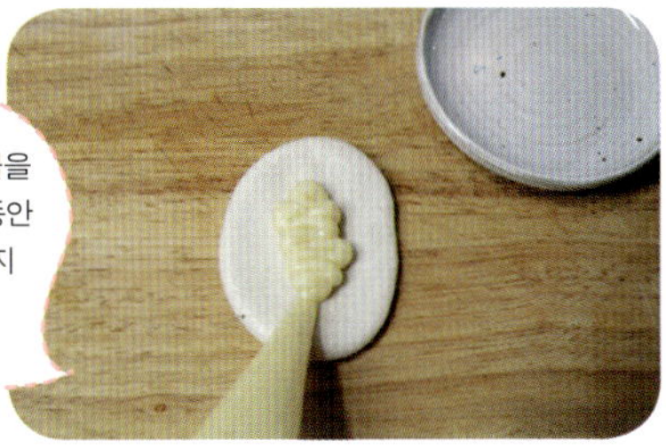

5. 중간발효를 마친 반죽을 밀대로 약간 긴 타원형이 되도록 밀고 커스터드크림을 중앙에 짜 넣어요.

6. 가장자리에 물을 약간 바르고 반을 접어 올려 살짝 눌러 붙여준 후, 4~5번 스크래퍼로 칼집을 내요.

7. 유산지나 데프론시트를 깐 오븐팬 위에 간격을 띄워 올리고 35℃ 정도의 따뜻한 곳에서 30~40분간 발효해요.

8. 2배로 부풀어 오른 반죽의 표면에 달걀물을 고루 발라, 180℃로 예열한 오븐에서 15~20분간 구워내요.

크림치즈 캐러멜빵

황금빛의 크림치즈 캐러멜 크림을 듬뿍 올려 구워내는 동글동글 귀여운 모양의 빵이예요.
빵에 발라먹을 잼이나 버터는 필요치 않아요.
캐러멜과 크림치즈, 제가 좋아하는 두 가지가 모두 올려져 있으니까요!

6개 분량

• 반죽
- [ ] 강력쌀가루 150g
- [ ] 탈지분유 5g
- [ ] 소금 1g
- [ ] 드라이이스트 2g
- [ ] 설탕 20g
- [ ] 따뜻한 물 80g
- [ ] 버터 15g

• 크림치즈 캐러멜크림
- [ ] 설탕 20g
- [ ] 물 1작은술
- [ ] 생크림 60g
- [ ] 크림치즈 70g

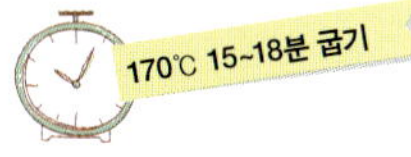

♥ 쌀빵은 한김 충분히 식힌 후에 더이상 마르지 않도록 비닐로 포장해 두어야 보다 오랜 시간 맛있게 먹을 수 있어요.
그냥 투명한 비닐에 담아도 좋지만, 가끔은 무늬가 프린트되어 있는 비닐을 활용해 보세요.
비닐로 예쁘게 포장한 다음엔 크라프트 상자에 2개씩 채워 담고요. 상자에는 화이트 잉크로, 태그엔 검은 잉크로 스탬프 찍어 간단히 포장해 보세요.

1. 볼에 강력쌀가루와 탈지분유를 체에 2~3번 내려 담고 홈을 3개 파요.
각각의 홈에 드라이이스트, 소금, 설탕을 담고 주변의 쌀가루로 덮어 두세요.

3. 반죽을 6등분으로 나누어 둥글리고 랩을 씌워 실온에서 20분간 중간발효한 뒤, 손바닥으로 눌러 가스를 제거하고 다시 둥글려 40℃ 정도의 따뜻한 곳에서 30~40분간 발효해요.

5. 여기에 미리 데워둔 생크림을 넣어 뭉치지 않도록 고루 섞어요.

7. 완성된 크림을 짤주머니에 담고 **③**의 반죽 위에 고루 짜 올려요.

2. **❶**에 따뜻한 물을 넣고 5분 정도 반죽하다가 한 덩어리로 뭉쳐지면 버터를 더해 15분 정도 충분히 치대어 주세요.

4. 반죽을 발효 하는 동안 크림치즈 캐러멜 크림을 만들어요.
소스용 팬에 분량의 설탕과 물을 넣고 젓지 말고 그대로 끓이다가 캐러멜 색이 되면 불에서 재빨리 내려요.

6. 볼에 실온의 크림치즈를 넣고 거품기로 부드럽게 풀어주다가 **❺**에서 만든 캐러멜을 모두 넣고 거품기로 한 번 더 고루 섞어 크림치즈 캐러멜크림을 완성해요.

8. 170℃로 예열된 오븐에서 15~18분간 구워내요.

아몬드크림꽈배기밤빵

고소한 아몬드 크림과 영양만점 밤이
꽈배기 사이사이에 쏙쏙 숨어 있는 빵이예요.
통조림밤을 집에서 직접 만들어 사용하면
훨씬 더 건강하게 만들 수 있답니다.

8개 분량

• 아몬드크림
☐ 버터 20g
☐ 땅콩버터 10g
☐ 설탕 1큰술
☐ 달걀 노른자 1개
☐ 아몬드가루 30g
☐ 옥수수전분 10g

• 반죽
☐ 강력쌀가루 150g
☐ 설탕 1/2큰술
☐ 소금 1/4작은술
☐ 드라이이스트 1/2작은술
☐ 물 50g
☐ 우유 30g
☐ 버터 20g
☐ 통조림밤 60g

• 장식
☐ 달걀 흰자 1개
☐ 우유 1큰술
☐ 검은깨 1큰술

1. 실온의 버터와 땅콩버터를 부드럽게 풀어주다가 설탕을 더해 고루 섞어요.

2. 실온의 달걀 노른자를 넣어 분리되지 않도록 섞어요.

3. 아몬드가루와 옥수수전분을 체에 내려 더해요.

4. 주걱으로 고루 섞어 아몬드크림을 완성해요.

5. 발효빵 반죽법(p.39)을 참고해 반죽을 하고 랩을 씌워 실온에서 20분간 중간 발효를 해요.

6. 중간발효를 마친 반죽을 손바닥으로 눌러 공기를 빼고, 밀대로 두께 1cm 정도가 되도록 넓게 밀어요.

7. 미리 만들어 둔 아몬드크림을 넓게 펴 바르고, 그 위로 통조림밤을 잘게 잘라 올려주세요.

8. 3등분으로 나누어 한쪽을 먼저 포개 접어 올려요.

9. 나머지 한쪽도 접어 올리고 이음새 부분이 벌어지지 않도록 꼬집어 주세요.

10. 칼로 8등분해 썰어요.

11. 끝을 손으로 잡고 1~2번 정도 비틀어 꽈배기 모양을 만들어요.

12. 유산지를 깔은 오븐팬 위에 간격을 띄워 올려요.

13. 붓이나 손가락을 이용해 달걀 흰자와 우유를 섞은 것을 반죽 윗면에 발라 검은깨를 뿌리고, 180℃로 예열된 오븐에서 20분간 구워내요.

통조림 밤

□ 껍질깐 밤 250g
□ 통치자 2개
□ 설탕 5큰술
□ 물
□ 물엿 2큰술
□ 꿀 1큰술

1. 물 1/2컵에 통치자를 띄워서 물을 우려
내요.

2. 밤은 겉껍질과 속껍질을 모두 벗겨내고
팔팔 끓는 물에 살짝 데쳐내요.

3. 데쳐낸 밤을 체에 걸러 물기를 제거해
주세요.

4. 다시 냄비에 밤을 넣고 물 1.5컵과 치자
물 1/2컵을 부어주세요.

5. 여기에 설탕 5큰술을 넣고 젓지 말고
센불에 올려서 끓여요.

6. 설탕이 완전히 다 녹으면 불을 낮추어
거품을 걷어내 주고, 물엿 2큰술을 넣
어 조금 더 끓이다가 꿀 1큰술을 넣어 한 번
더 끓여줘요.

7. 밤 표면에 반짝거리는 윤기가 날 때까
지만 졸여내요.

호두피칸바게트

밀가루, 달걀, 버터, 설탕, 우유도 전혀 들어가지 않는
순수 웰빙빵이예요.
우리 쌀가루의 깊고 구수한 맛을 그대로 살린 반죽에
견과류의 고소함과 영양까지 더해보아요.

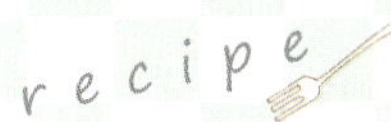

2개 분량

- ☐ 호두 25g
- ☐ 피칸 25g
- ☐ 강력쌀가루 200g
- ☐ 탈지분유 2g
- ☐ 몰트분말 1g
- ☐ 소금 3g
- ☐ 드라이이스트 4g
- ☐ 따뜻한 물 140g
- ☐ 포도씨유 5g

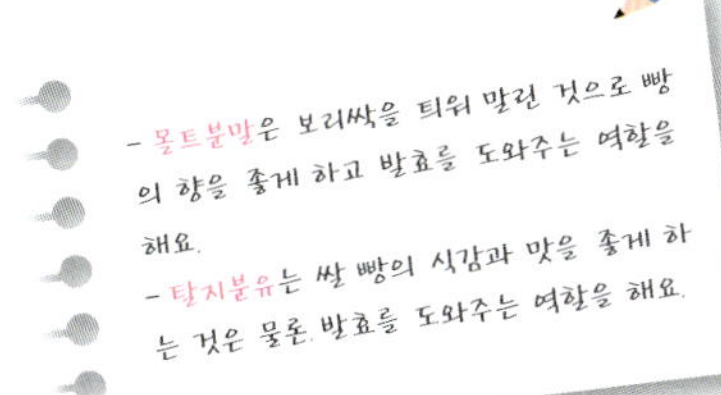

- 몰트분말은 보리싹을 틔워 말린 것으로 빵의 향을 좋게 하고 발효를 도와주는 역할을 해요.
- 탈지분유는 쌀 빵의 식감과 맛을 좋게 하는 것은 물론 발효를 도와주는 역할을 해요.

♥ 바게트는 펄프 상자에 담아 도시락처럼 포장해도 멋스러워요. 1회분으로 포장된 크림치즈를 더하면 훨씬 맛있게 먹을 수 있답니다.

1. 피칸과 호두는 분태를 준비하거나 손으로 미리 4등분으로 잘라두어요.

3. 소금과 이스트를 서로 닿지 않게 주의하며 더하고, 35℃ 정도의 따뜻한 물을 넣어 주걱으로 뒤섞어 주다가 손으로 5분 정도 더 치대어 반죽해요. 반죽이 한 덩어리로 뭉치면 포도씨유를 더해 15분 정도 더 치대어 주세요.

5. 반죽을 약 200g씩 둘로 나누어 둥글리고, 랩을 덮어 실온에서 20분간 중간 발효해요.

7. 바게트틀 위에 반죽을 올리고 35~40℃ 정도의 따뜻한 곳에서 랩을 덮어 40분간 발효해요.

2. 강력쌀가루와 탈지분유, 몰트분말을 모두 섞어 체에 2~3번 내려두어요.

4. 반죽이 거의 다 되면 미리 준비해 두었던 호두와 피칸을 더하고, 으깨지지 않도록 주의하며 한 번 더 반죽해 마무리 해요.

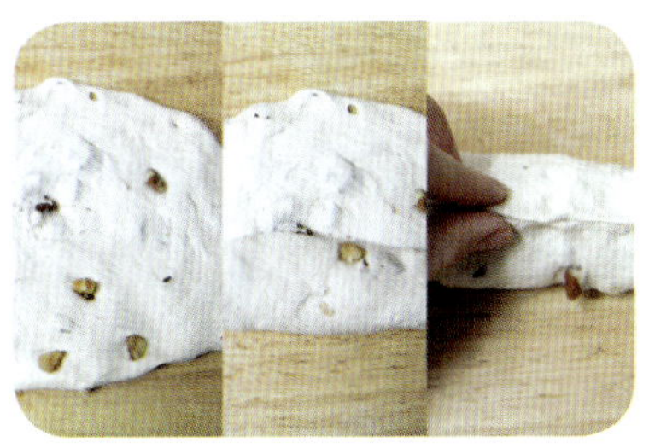

6. 중간발효 후 반죽을 손으로 눌러 넓게 펴고 김밥 말듯 돌돌 말아 올린 뒤, 이음새 부분을 잘 꼬집어 모양을 잡아주세요.

8. 2배로 부풀어 오르면 칼집을 넣고 분무기로 물을 뿌린 뒤, 190℃로 예열된 오븐에서 20분간 구워내면 완성이예요.

로즈마리갈릭포카치아

포카치아(focaccia)는 이탈리아에서 서민들이 즐겨 먹는 빵으로
반죽에 올리브유, 소금, 허브 등을 넣고 구워내 담백한 맛이 특징인 빵이랍니다.
손가락으로 구멍을 만들어 재미있게 구워내는 포카치아를 우리 입맛에 맞게 마늘과 허브를 더해 보아요.

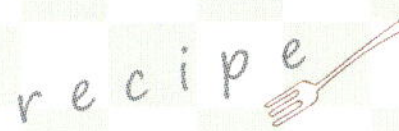

4개 분량

• 반죽
☐ 강력쌀가루 300g
☐ 설탕 15g
☐ 이스트 12g
☐ 소금 6g
☐ 물 180g
☐ 올리브유 55g

• 토핑
☐ 올리브유 2큰술
☐ 마늘 4톨
☐ 로즈마리 허브잎 약간
☐ 후추 약간
☐ 굵은 소금 약간

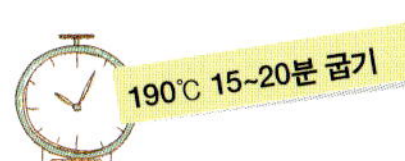

♥ 발사믹 식초에 올리브유를 섞어 소스를 만들고 취향에 따라 꿀을 더해 찍어 먹으면 잘 어울려요.

1. 볼에 체에 내린 강력쌀가루를 담아 홈을 3개 파고 각각 설탕, 이스트, 소금을 담아 주변의 쌀가루로 덮어요.

2. 물을 넣고 반죽하다가 한덩어리로 뭉쳐지면 올리브유 55g을 더해 15분간 치대어 반죽이 매끄러워질 때까지 반죽해요.

3. 완성된 반죽을 4등분하고 랩을 씌워 실온에서 15분간 중간발효해요.

4. 중간발효가 끝난 반죽은 둥글렸다가 밀대로 밀어 타원형이 되도록 해요.

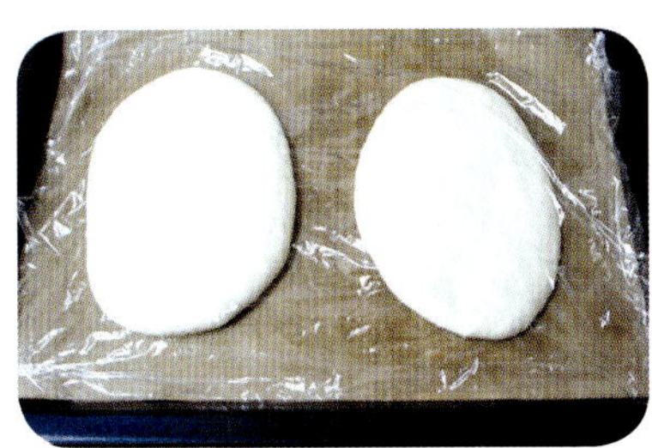

5. 유산지나 데프론시트를 깔아둔 오븐 팬 위에 올리고 반죽이 마르지 않도록 랩을 씌운 뒤, 35~40분간 발효시켜 2배로 부풀어 오르도록 해요.

6. 발효가 끝난 반죽은 팬 위에서 그대로 올리브유를 뿌리고 손가락을 이용해 구멍을 낸 뒤 로즈마리 잎과 소금, 후추 등을 뿌려서 190℃로 예열된 오븐에 넣어 15~20분간 구워내요.

파프리카 소시지빵

파프리카는 비타민 A와 C, 철분 등
영양소가 풍부한 채소지요.
때문에 아이들의 성장촉진이나
콜레스테롤 수치를 저하시키는 데
도움을 준다고 해요.
고운 빛깔 만큼이나 영양까지 풍부한
파프리카를 갈아 넣고 오동통 귀여운 미니 소시지를
하나씩 올려 만들면 파프리카의 향과 소시지가
어우러져 피자가 부럽지 않답니다.
크기가 작아 아이들이 먹기에도 참 좋아요.

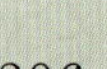

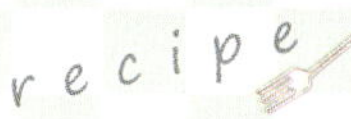

10개 분량

• 반죽
☐ 파프리카 40g
☐ 물 50g
☐ 강력쌀가루 150g
☐ 드라이이스트 1/2작은술
☐ 소금 1/4작은술
☐ 설탕 1/2큰술
☐ 버터 20g

• 토핑
☐ 토마토케첩 적당량
☐ 미니 소시지 10개
☐ 마요네즈 적당량
☐ 파슬리가루 1큰술

♥ 토마토케첩 대신 스파게티 소스를 뿌려주고, 윗면에 피자치즈를 함께 올려 구워내면 미니 소시지 피자로도 즐길 수 있어요.
♥ 빵 반죽은 파프리카의 색깔에 따라 영양과 빛깔이 달라지니 취향에 따라 그때그때 다르게 만들어 보세요.

♥ **파프리카의 색상별 주요 효능**
빨간색 : 암, 관상동맥증 예방, 성장촉진, 면역이 증가하는 효능이 있습니다.
주황|노란색 : 감기를 예방하고, 피부 탄력유지를 도와줍니다.
초록색 : 풍부한 유기질은 비만치료에 좋으며, 철분이 풍부하여 빈혈 예방에 효과적입니다.

1. 파프리카는 씨를 제거하고 잘게 잘라 물과 함께 믹서에 넣고 덩어리 없이 곱게 갈아요.

2. 강력쌀가루에 드라이이스트, 소금, 설탕을 더해 파프리카 갈아낸 물로 반죽하고, 한 덩어리가 되면 실온의 버터를 더해 15~20분 정도 손으로 힘껏 치대어 반죽해요.

3. 완성된 파프리카빵 반죽을 10등분해서 둥글려 랩을 씌우고 실온에서 20분간 중간발효해요.

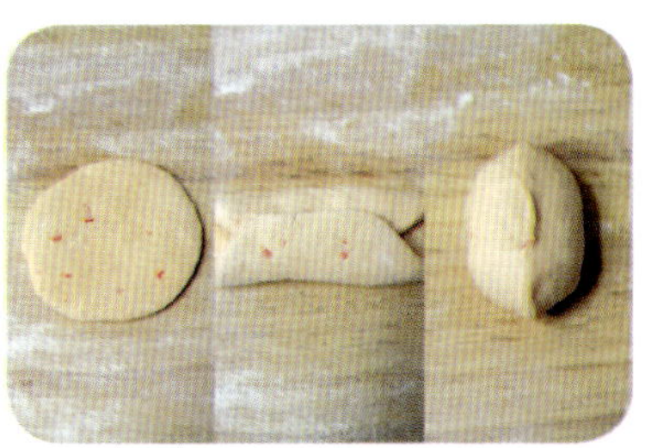

4. 손바닥으로 꾹 눌러가며 공기를 빼주고 둥근 원 모양이 되도록 만든 뒤, 반죽을 위아래로 1/3씩 가운데로 포개어 접어요. 가로로 길게 접힌 반죽의 양끝을 다시 가운데로 반접어 올리고 끝을 꼬집어 붙이면서 세로로 길쭉한 모양이 되도록 해요.

5. 매끈한 뒷면이 위로 오도록 유산지를 깐 팬 위에 간격을 띄워 올리고, 가운데에 길쭉하게 가위집을 넣어요.

6. 자른 곳 사이에 케첩을 조금씩 짜 넣고 그 위로 소시지를 올려 손으로 살짝 눌러요. 그대로 35~40℃ 정도에서 2배로 부풀어 오를 때까지 약 40분 정도 발효시켜요.

7. 짤주머니에 마요네즈를 담아 윗면에 지그재그로 뿌려주고 파슬리가루를 뿌려 180℃로 예열된 오븐에서 15~18분간 구워내요.

햄야채 롤빵

형형색색의 야채들과 햄이 골고루 들어가 눈으로도 맛있게 먹을 수 있는 햄 야채 롤빵이예요.
속이 꽉 찬 김밥이 더 맛있듯, 빵도 속재료를 푸짐히 넣어 만들면 정말 맛있답니다.
저도 피자를 간단히 먹고 싶을 때 자주 만들어요.

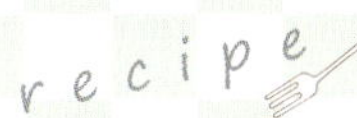

8개 분량

· 반죽

☐ 강력쌀가루 150g
☐ 드라이이스트 1/2작은술
☐ 설탕 1큰술
☐ 소금 1/4작은술
☐ 달걀 1/2개
☐ 우유 30g
☐ 물 50g
☐ 버터 20g

· 속재료

☐ 양파 50g
☐ 당근 20g
☐ 햄 40g
☐ 브로콜리 40g
☐ 파프리카 50g
☐ 소금 약간(한꼬집)

170℃ 20~30분 굽기

♥ 아이들에게는 까망베르 치즈나 피자치즈를 올려서 구워주세요. 케첩도 함께 뿌려주면 훨씬 더 좋아할 거예요.

1. 버터를 제외한 모든 재료를 넣고 반죽하다가 반죽이 한 덩어리가 되면 실온의 버터를 더해 15분간 더 치대어 주세요. 완성된 반죽은 둥글리고 랩을 씌워 실온에서 20분간 중간발효해요.

3. 팬에 기름을 약간 두르고 양파, 당근, 햄, 브로콜리, 파프리카 순으로 넣고 소금을 약간 더해 볶아내고 식혀요.

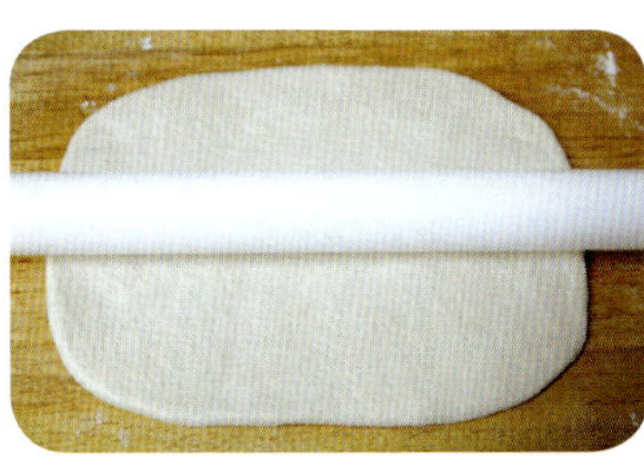

4. 중간발효한 반죽을 밀대를 이용해 직사각형 모양으로 밀어요.

6. 칼로 8등분해서 썰어요.

2. 중간발효 하는 동안 속재료를 준비하고 가로 * 세로 1cm 정도로 썰어 주세요.

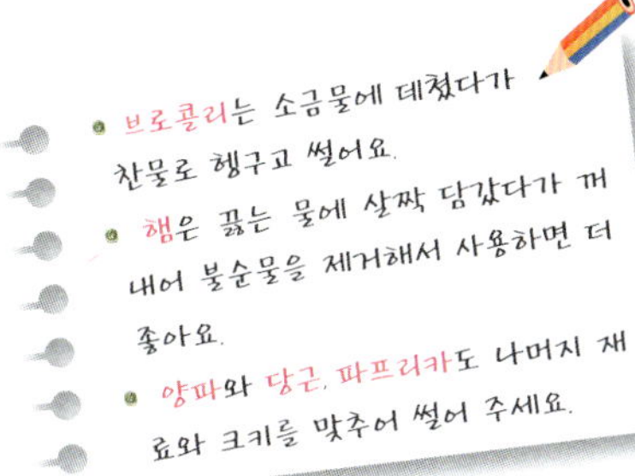

5. 볶아낸 속 재료를 고루 펴 올린 뒤, 김밥 말듯 돌돌 말아주세요. 이음새 부분은 벌어지지 않도록 잘 꼬집어요.

7. 은박컵에 반죽을 올리고 35℃ 정도의 따뜻한 곳에서 30~40분 정도 발효시켜요. 반죽이 2배로 부풀어 오르면 170℃로 예열된 오븐에서 20~30분간 구워내요.

양파빵

양파는 피를 맑게 도와주고 콜레스테롤 수치를 낮춰줘요.
하지만 아무리 몸에 좋은 양파라도 생으로 먹기엔 너무 맵잖아요.
이제 매운 맛은 모두 날려버리고,
양파의 달콤 촉촉함을 이용해 담백한 쌀빵으로 만들어 보는 건 어떨까요?

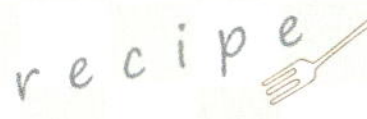

2개 분량

- ☐ 양파 1개
- ☐ 마늘 3쪽
- ☐ 식용유 2큰술
- ☐ 말린 허브 1작은술
- ☐ 소금 1/4작은술
- ☐ 후추가루 약간
- ☐ 마요네즈 2큰술

• 반죽
- ☐ 강력쌀가루 220g
- ☐ 설탕 2큰술
- ☐ 소금 1/2작은술
- ☐ 드라이이스트 7g
- ☐ 달걀 1/2개(25g)
- ☐ 버터 20g
- ☐ 따뜻한 물 110g

180℃ 15~20분 굽기

♥ 마요네즈를 짤 때에 짤주머니가 없다면 지퍼가 달린 두툼한 비닐 봉지의 모서리를 잘라 사용하면 돼요.

1. 깨끗이 씻어 껍질을 벗긴 양파와 마늘을 잘게 채썰어 준비해요.

2. 식용유를 두른 팬에 채썬 양파와 마늘을 넣고 소금과 후추가루, 말린 허브를 더해 양파가 투명해질 때까지 볶아요.

3. 볼에 반죽 재료를 모두 넣어 반죽하고, 완성된 반죽은 둥글려서 랩을 씌우고 20분간 실온에서 중간발효를 해요.

4. 중간발효 후 주먹을 쥐고 꾹꾹 눌러 가스를 빼고, ❷의 1/3을 더해 한 번 더 치대어 반죽해요.

5. 반죽을 둘로 나누어 오븐팬에 넓게 펼치고, 반죽 안쪽에 남겨둔 볶은 양파를 둘로 나누어 각각 올려요.

6. 마요네즈를 가늘게 짜 모양을 내고 35~40℃에서 40분간 발효해요. 반죽이 2배로 부풀어 오르면 180℃로 예열한 오븐에 넣어 15~20분간 구워내요.

카레빵

일본에서 처음 개발한 카레빵은요,
카레를 넣고 볶은 여러가지 재료로 소를 채우고 빵가루를 묻혀 바삭하게 튀겨서 만드는 빵이예요.
여러가지 재료가 들어가는 만큼 영양도 만점, 배도 든든하지요.
쌀가루로 반죽하고 튀기는 대신 오븐에 구워서 더욱 담백하고 건강하게 만들어 보아요.

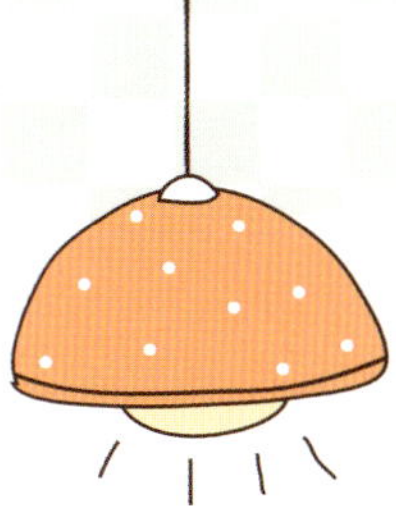

4개 분량

・반죽
□ 강력쌀가루 150g
□ 카레가루 7g
□ 드라이이스트 1/2작은술
□ 소금 1/4작은술
□ 설탕 1/2큰술
□ 물 50g
□ 우유 30g
□ 버터 20g

・속재료
□ 삶아 으깬 감자 200g(감자 2~3개 분량)
□ 당근 1/3개(40g)
□ 양파 1/2개
□ 기름 뺀 참치 100g
□ 카레가루 20g
□ 물 90g

・덧가루
□ 빵가루 10g

♥ 토핑은 냉장고에 남은 재료들을 마음껏 활용해 보세요.
참치 대신 고기나 햄을 더해주어도 좋고요, 브로콜리, 파프리카, 피자치즈 등 어떤 것을 넣어 만들어도 맛있답니다.

1. 강력쌀가루와 카레가루를 체에 내리고 버터를 제외한 나머지 재료를 더해 반죽하다가 한 덩어리로 뭉쳐지면 버터를 넣고 15분간 더 치대어 반죽해요.

2. 완성된 반죽을 둥글리고 랩을 씌워 실온에서 20분간 중간발효해요.

3. 중간발효를 하는 동안 기름을 약간 두른 팬에 당근과 양파, 참치를 넣고 볶아요.

4. 양파가 투명해지면 물에 갠 카레를 넣고 섞다가 카레가 고루 섞이면 감자를 더해 중불에서 볶아가며 섞어요. 질척하지 않도록 볶아 속을 완성하고 식혀두어요.

5. 중간발효 후 손바닥으로 꾹꾹 눌러 가스를 빼주고 4등분해 다시 둥글려요. 밀대로 밀고 카레빵 속을 가운데에 넣고 잘 꼬집어 올려요.

6. 깨끗한 부분이 아래로 가게 해서 한쪽 면에만 빵가루를 고루 묻혀요.

7. 유산지나 데프론시트를 깐 오븐팬 위에 간격을 띄워 올리고 35℃ 정도의 따뜻한 곳에서 30~40분간 발효시켜요. 반죽이 2배로 부풀어 오르면 170℃로 예열된 오븐에서 20분간 구워내요.

녹차 건빵

건빵은 이름만 빵이지,
퍽퍽해서 물 없인 10개 이상 먹기가 힘들죠.
그래서 제 나름대로
녹차 건빵을 만들어 보았어요.
모양은 건빵인데 속은 진짜 빵이여서
10개쯤은 거뜬히 먹을 수 있답니다!

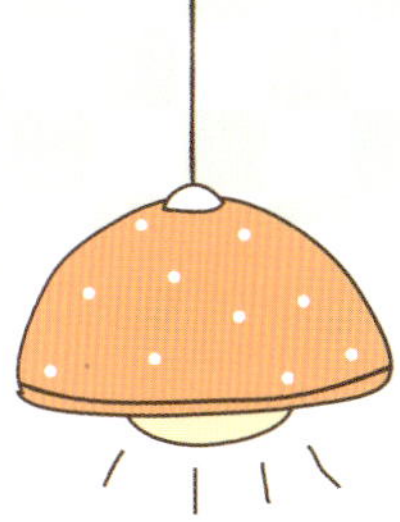

40~50개 분량

• 반죽

☐ 강력쌀가루 100g
☐ 녹차가루 5g
☐ 드라이이스트 2g
☐ 소금 2g
☐ 설탕 1큰술
☐ 달걀 노른자 1/2개
☐ 따뜻한 우유 40g
☐ 물 15g
☐ 포도씨유 7g

180℃ 12~15분 굽기

♥ 갓 구워낸 건빵은 겉은 바삭하고 속은 촉촉
한데 시간이 지나면서 점점 딱딱해지고 눅눅해
진답니다.
이럴 때는 전자렌지에 살짝 돌려 따뜻하게 먹거
나 170℃로 예열된 오븐에 넣어 5~10분간 살짝
구워 드세요. 갓 구워낸 건빵처럼 먹을 수 있어요.

recipe

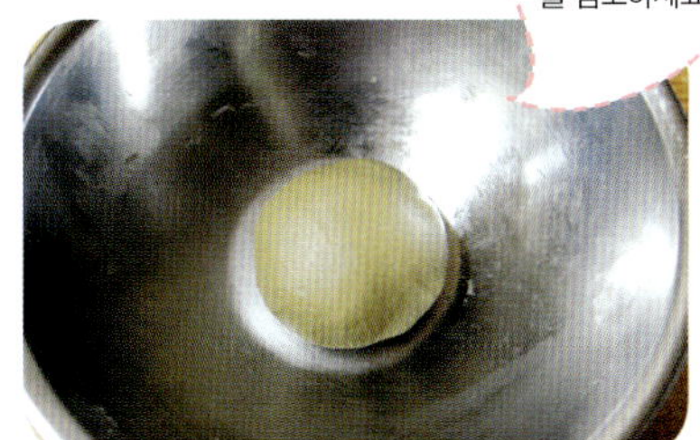

1. 강력쌀가루와 녹차가루를 체에 내리고
3개의 홈에 각각 이스트와 소금, 설탕
을 넣고 덮어요.
따뜻하게 데운 우유와 노른자, 물을 넣고 반
죽하다가 한 덩어리로 뭉치면 포도씨유를 더
해 15분 이상 힘껏 치대어 주세요.

2. 완성된 반죽을 밀대로 두께 0.5cm가
되도록 밀어요.

3. 랩을 덮어 실온에서 20분간 중간발효
를 합니다.

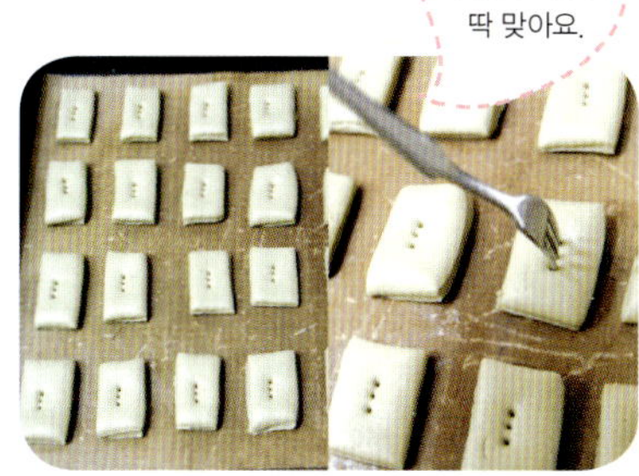

4. 중간발효 후 칼을 이용해 1 * 3cm 크기
의 직사각형으로 자르고 포크로 구멍을
내어 유산지나 데프론시트를 깐 쿠키팬 위에
간격을 띄워 올려요.

5. 35~40℃ 정도의 따뜻한 곳에서 20~30
분 정도 발효시키고, 2배로 부풀어 오르
면 180℃로 예열된 오븐에서 12~15분간 구워
내요.

깨찰빵

떡보다도 더 쫄깃쫄깃한 깨찰빵!
제과점의 인기메뉴 중 하나인 깨찰빵도
쌀가루를 이용해 내 손으로
직접 만들어 먹을 수 있답니다.
깨찰빵이라는 이름답게 깨도 듬뿍
넣고 두유로 반죽해 세상에서 제일
고소한 깨찰빵을 만들어 보아요.

10개 분량

- ☐ 소프트쌀가루 200g
- ☐ 소금 1작은술
- ☐ 달걀 1개
- ☐ 두유 90g
- ☐ 버터 40g
- ☐ 검정깨 10g

♥ **소프트쌀가루란?**

'소프트쌀가루'는 중력쌀가루와는 달리 변성전분에 쌀가루와 분당, 탈지분유 등을 섞어서 가공한 제품이예요.
깨찰빵은 일반 쌀가루 만으로는 만들 수 없어서 반드시 소프트쌀가루를 이용해야 한답니다.
대두식품 홈페이지에서 구입이 가능해요.
대두식품 〉 shop.idaedoo.co.kr

1. 소프트쌀가루와 소금을 섞어 체에 내려요.

2. 실온의 달걀을 풀어 고루 섞어요.

3. 실온의 두유를 더해 날가루가 보이지 않도록 반죽해요.

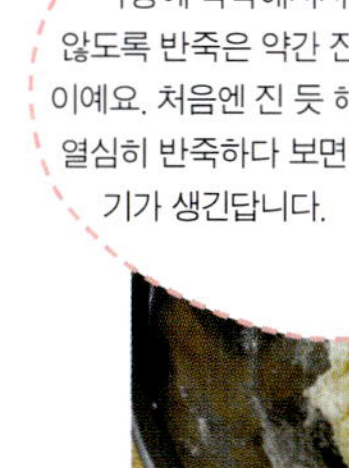

4. 반죽이 한 덩어리가 되면 실온의 버터를 더해 반죽에 찰기가 생길 때까지 15~20분간 열심히 치대며 반죽해요.

5. 반죽이 매끈해지면 검정깨를 넣어 한 번 더 반죽하고 랩을 씌워 실온에서 15분간 휴지시켜요.

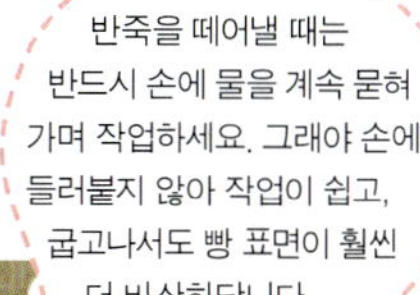

6. 손에 물을 넉넉히 묻히고 반죽을 떼어 둥글린 후 팬 위에 올려요. 190℃로 예열된 오븐에서 15분간 굽다가 160℃로 온도를 내려 15분간 더 구워 속까지 완전히 익혀내요.

캐러멜너트와플

반죽을 발효해 구워내는 벨기에식 와플은 폭신폭신 식빵처럼 결대로 찢어지는 속살이 참 매력적이지요.
쌀가루로 즐기면 밖에서 사 먹던 밀가루 와플보다 훨씬 더 쫄깃하고 찰진 맛을 낼 수 있답니다.
함께 곁들이면 더 맛있는 캐러멜너트 만드는 법도 알려드릴게요.
쫄깃한 와플에 씹히는 맛이 더해져 훨씬 더 맛있게 와플을 먹을 수 있답니다.

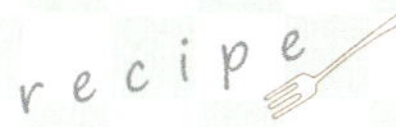

5개 분량

• 반죽

☐ 강력쌀가루 170g
☐ 드라이이스트 1작은술
☐ 소금 1/2작은술
☐ 설탕 2큰술
☐ 우유 60g
☐ 달걀 1개
☐ 바닐라엣센스 1/2작은술
☐ 버터 50g

• 캐러멜너트

☐ 물 2큰술
☐ 설탕 100g
☐ 바닐라시럽 1작은술
☐ 올리고당 1큰술
☐ 견과류 130g

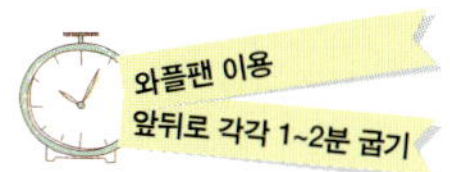

1. 볼에 체에 내린 강력쌀가루를 담고 3개의 홈에 이스트와 소금, 설탕을 채운 다음 주변의 쌀가루로 덮어 주세요.

2. 전자렌지에 10~20초 정도 데운 미지근한 우유를 넣어 대강 섞어주고요.

3. 달걀을 넣고 섞다가 어느 정도 뭉치면 손으로 치대어 반죽해 주세요.

4. 반죽에 찰기가 생기기 시작하면 실온의 부드러운 버터와 바닐라엣센스를 더해 표면이 매끈해 질 때까지 15~20분간 더 반죽합니다.

5. 완성된 반죽은 둥글린 후 랩을 씌워 35~40℃ 정도의 따뜻한 곳에서 30~40분간 발효해 2배로 부풀도록 해요.

6. 부풀어 오른 반죽을 꾹꾹 눌러 가스를 제거하고, 5~6등분으로 잘라 둥글린 후에 버터를 바르고 적당히 달구어 준 와플팬 가운데에 올린 후 뚜껑을 덮어 앞뒤로 각각 1~2분씩 구워내요.

♥ 반죽을 발효하는 동안 캐러멜너트를 만들어 보세요.

❶ 코팅이 된 소스팬이나 바닥이 두꺼운 냄비에 분량의 설탕과 물, 바닐라시럽, 올리고당을 모두 넣고 젓지말고 그대로 끓여요.

❷ 설탕이 녹아 보글보글 끓기 시작하다가 옅은 갈색으로 색이 변하면 미리 오븐에 살짝 구워 잘게 잘라둔 견과류를 넣고 고루 버무려 설탕 코팅을 묻혀 주세요.

❸ 뜨거울 때에 바로 데프론시트 위에 펼쳐 식혀주세요. 식은 후에 손으로 똑똑 잘라 시럽대신 와플 위에 얹어내요.

검은깨 찹쌀 호떡

겨울에만 사먹을 수 있었던 호떡을 이제는 사계절 내내 집에서 직접 만들어 먹어보세요.
우리 쌀가루에 찹쌀가루를 더해 반죽하기 때문에 식어도 맛있게 먹을 수 있어 더 좋아요.
호떡 장사 여럿 울고 갈 꿀맛 같은 쌀호떡 만들기에 꼭 한번 도전해 보세요!

7개 분량

· 반죽
- ☐ 강력쌀가루 170g
- ☐ 건식 찹쌀가루 50g
- ☐ 소금 3g
- ☐ 설탕 25g
- ☐ 드라이이스트 1작은술
- ☐ 물 180g
- ☐ 검은깨 1큰술
- ☐ 포도씨유 1큰술

· 소
- ☐ 흑설탕 1/2컵
- ☐ 계피가루 1/2작은술
- ☐ 견과류 분태 2큰술
- ☐ 검정깨 1/2큰술

♥ 반죽에 녹차가루를 조금 넣어주면 초록빛의
녹차 호떡으로, 호박가루를 조금 넣어주면 노란
호박 호떡으로도 구울 수 있어요.
나만의 별미 호떡을 만들어 보세요.

1. 강력쌀가루와 찹쌀가루를 섞어 체에 내
리고 3개의 홈에 소금, 설탕, 드라이이
스트를 담은 후 주변의 쌀가루로 덮어요.

2. 미지근한 물을 넣어가며 주걱으로 먼저
대강 반죽해요.

3. 검은깨를 넣고 한 덩어리로 뭉쳐질 때
까지 5분 정도 손으로 반죽하다가 포도
씨유를 더해 표면이 매끄러워질 때까지 15분
정도 더 치대어 주세요.

4. 반죽을 둥글려 볼에 담고 랩을 씌워
35℃ 정도의 따뜻한 곳에서 30~40분
정도 발효해요.

5. 발효를 하는 동안 소 재료를 모두 섞어
두어요.

6. 반죽이 2배로 부풀면 손으로 한 번 더
치대어 가스를 제거해 주세요.

7. 손에 여분의 포도씨유를 조금 묻히고
반죽을 적당히 떼어내 넓게 펴요. 그
위로 흑설탕 소를 1숟갈 수북히 올린 후 보자
기 싸듯 오므려요.

8. 팬에 포도씨유를 넉넉히 두르고 호떡
누르개로 눌러가며 앞뒤로 노릇하게
구워내면 완성이예요.

보리술빵

요즘엔 쉽게 만나볼 수 없어 추억의 음식이 되어버린 술빵.
하지만 술빵이야 말로 오로지 막걸리 속에 살아있는 효모로만 발효해 만드는
정말 제대로 된 웰빙 간식 중 하나랍니다.
더이상 추억 속에 가두어 두지 마시고, 쌀가루로 더욱 맛있고 건강하게 만들어 보세요.

15cm 미니찜기 2개 분량

• 반죽
- 강력쌀가루 170g
- 보리가루 30g
- 달걀 1개
- 소금 1/2작은술
- 설탕 40g
- 생막걸리 140g

• 속재료
- 강낭콩배기
- 완두배기
- 호박고지 각각 1/3컵 정도

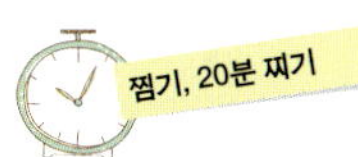

찜기, 20분 찌기

♥ 술빵은 너무 뜨거울 때 포장해 버리면 비닐에 수증기가 생겨 빵이 축축해 진답니다.
반드시 한김 식힌 후에 더 마르지 않도록 비닐에 넣어 밀봉하구요. 우드 케이스에 담아 간단히 포장해 선물하면 예뻐요.
추억이 많이 담긴 빵이기에 랩으로 대강 감싸는 것보다는 조금 더 예쁘게 담아드리고 싶어요.

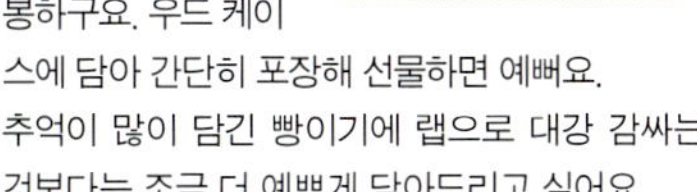

1. 강력쌀가루와 보리가루를 체에 2~3번 내려두어요.

2. 실온의 달걀에 소금과 설탕을 더해 미리 한 번 섞고, 체에 내린 쌀가루에 모두 넣어 주걱으로 대강 섞어요.

3. 생막걸리를 전자렌지에 20초 정도 돌려 미지근하게 하고 ❷에 더해 고루 반죽해요.

4. 랩을 씌워 35℃ 정도의 따뜻한 곳에서 1~2시간 두어 2배로 부풀어 오르도록 발효해요.

5. 부풀어 오른 반죽에 미리 준비해 둔 속재료를 넣고, 주걱으로 고루 섞어 가스를 제거해 주세요.

6. 찜기에 젖은 면보를 깔고 위 반죽의 양 중에서 반만 부어준 뒤 남겨둔 토핑을 올려요.

7. 찜기 뚜껑을 덮고 물이 끓는 물솥 위에 올려 센불에서 20분간 쪄내면 완성이예요.

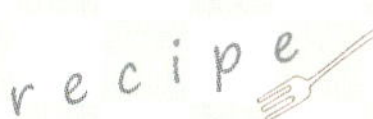

따끈따끈! 겨울철 별미

찐빵

거리에 찐빵이 하나둘씩 보이면
그때서야 비로소 겨울이 왔구나 싶어요.
갓 쪄낸 찐빵을 호호 불어가며 먹는 제대로 된 그 맛을 느끼려면
집에서 직접 만들어 보세요.
아이들에게는 귀여운 돼지호빵으로 만들어 주면
따스한 겨울 추억을 선물할 수도 있을 거예요.

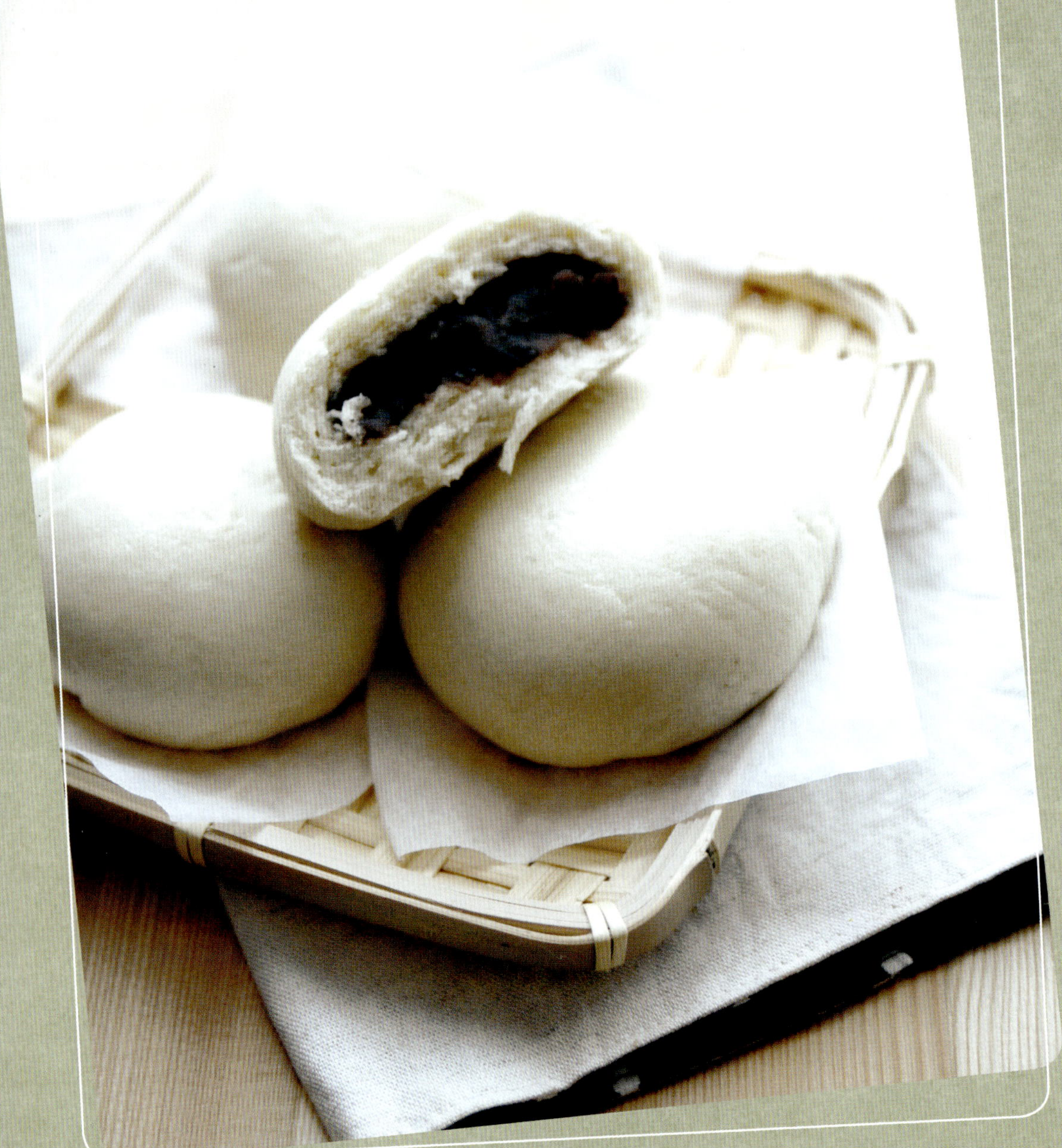

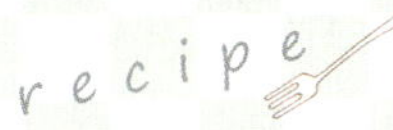

8개 분량

• 반죽

- ☐ 강력쌀가루 150g
- ☐ 박력쌀가루 100g
- ☐ 베이킹파우더 4g
- ☐ 드라이이스트 4g
- ☐ 설탕 25g
- ☐ 소금 3g
- ☐ 따뜻한 물 150g
- ☐ 포도씨유 1.5큰술
- ☐ 통팥앙금 320g

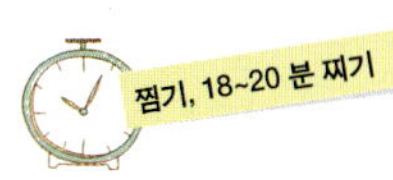
찜기, 18~20 분 찌기

1. 볼에 강력쌀가루와 박력쌀가루, 베이킹 파우더를 체에 내려 담고, 3개 홈에 드라이이스트와 설탕, 소금을 채워 담아요.

2. 주변의 쌀가루로 홈을 덮어준 뒤 따뜻한 물을 부어 반죽하다가 한 덩어리가 되면 포도씨유를 넣고 15분~20분 정도 힘껏 치대어 주세요.

3. 완성된 반죽은 둥글리고 랩을 씌워 실온에서 20분간 중간발효해요.

4. 중간발효하는 동안 팥앙금을 40g씩 떼어 둥글려 두어요.

5. 종이 호일은 가로 폭으로 3등분하여 접고, 나머지 변도 같은 길이로 정사각형 모양이 되도록 미리 잘라두어요.

6. 중간발효한 반죽을 8등분해 잘라주고, 손바닥으로 꾹꾹 눌러 가스를 뺀 뒤 다시 둥굴려요.

7. 둥글린 반죽을 밀대로 손바닥 넓이 정도로 밀고 가운데에 팥앙금을 올린 뒤, 잘 꼬집어 마무리해요.

8. 이음새를 바닥으로 가게 해서 잘라둔 종이 호일 위에 하나씩 올리고 마르지 않도록 랩을 씌워 35~40℃ 정도의 따뜻한 곳에서 30분간 발효해요.

9. 발효가 끝나면 종이 호일채 그대로 들어 찜기 하나에 4개씩 안치고, 2단으로 쌓아 팔팔 끓는 물솥 위에 올려 18~20분간 쪄내면 완성이예요.

집에서 만드는
돼지호빵 만들기

약간의 장식으로 분홍색 귀와 코를 가진
귀여운 돼지호빵을 만들 수 있어요.
단팥소가 심심하다면,
돼지호빵을 만들어 맛있게 먹어요.

8개 분량

· 반죽
- [ ] 강력쌀가루 150g
- [ ] 박력쌀가루 100g
- [ ] 베이킹파우더 4g
- [ ] 드라이이스트 4g
- [ ] 설탕 25g
- [ ] 소금 3g
- [ ] 따뜻한 물 150g
- [ ] 포도씨유 1.5큰술
- [ ] 통팥앙금 320g
- [ ] 딸기가루 약간
- [ ] 검은깨 약간

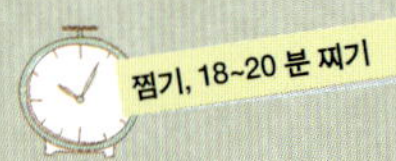

찜기, 18~20 분 찌기

1. 반죽을 조금 떼어 딸기가루를 더해 색을 낸 다음 부채꼴 모양으로 두 귀를 만들고, 빨대로 구멍을 뚫어 코도 만들어요.

2. 물을 약간 묻혀 찐빵 반죽에 붙여 쪄내면 오동통 귀여운 돼지호빵이 만들어진답니다.

1. 찐빵을 만들 때 종이호일을 사용하면 반죽이 들러붙지 않고 깨끗하게 떼어 먹을 수 있어요.

2. 찐빵은 한김 식힌 후에 비닐로 낱개포 장해 두면 하루종일 촉촉하게 먹을 수 있어요. 만약 며칠 두고 드실거라면 낱개 포장 한 후에 그대로 냉동실에 보관해 두세요.

3. 먹기 전에 꺼내어 비닐의 접착면만 살 짝 열어 렌지에 돌려먹으면 방금 쪄낸 것처럼 먹을 수 있어요.

PART

05

파이, 타르트
Pie, tarte

한 번 맛보면 반할 수밖에 없는 달콤함이 가득한 파이와 타르트예요.
건강한 재료는 기본! 모양도 일품인데다
먹기 아까울 정도로 사랑스럽고 부드러운 맛을 느낄 수 있어요.
파이러버들을 위한 로맨틱 베이킹!
순수 건강식으로 칼로리 걱정도 날려버리세요.

상큼한 너를 원해

오렌지찹쌀파이

쫄깃한 찹쌀에 오렌지의 상큼함이 가득 담긴 파이예요.
오렌지는 구우면 단맛이 더해져 더 맛있어 진답니다.
비타민이 풍부한 오렌지 찹쌀파이 한조각으로 하루의 피곤을 달래보세요.

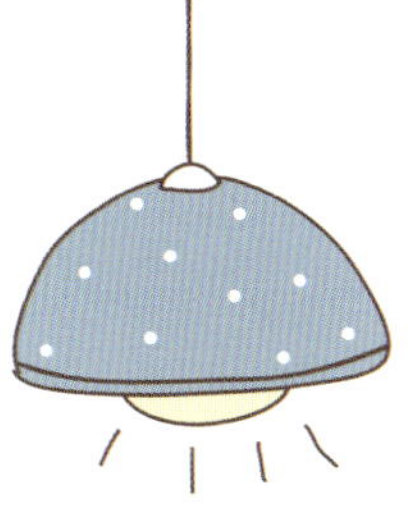

원형 파이틀 2호 1개 분량

- ☐ 오렌지 1개
- ☐ 버터 30g
- ☐ 설탕 35g
- ☐ 올리고당 15g
- ☐ 건식 찹쌀가루 200g
- ☐ 베이킹파우더 1/2작은술
- ☐ 소금 1작은술
- ☐ 오렌지주스 200g
- ☐ 오렌지에 묻힐 설탕 2큰술 정도

180℃ 40~45분 굽기

♥ 오렌지에이드를 곁들여 먹으면 더욱 좋아요.

♥ 홈메이드오렌지에이드 만들기
- ☐ 오렌지 1개
- ☐ 오렌지주스 1컵
- ☐ 사이다 1/2컵

❶ 오렌지는 껍질을 벗겨 믹서에 곱게 갈아요.
❷ 여기에 오렌지주스와 사이다를 더해 한 번 더
   갈아주세요.

1. 오렌지는 소금이나 과일 세정제를 이용
해 껍질째 깨끗이 씻고, 강판에 껍질 부
분만 미리 갈아 두어요.

2. 겉껍질을 다 갈아낸 오렌지는 단면이
보이도록 해서 0.5cm 두께로 둥글게
썰어요.

3. 볼에 실온의 버터와 설탕을 넣고 주걱
으로 고루 섞다가 올리고당을 더해 크
림처럼 만들어요.

4. 여기에 찹쌀가루와 베이킹파우더, 소
금을 체에 내려 넣고 오렌지주스를 조
금씩 넣어가며 반죽해요.

5. 날가루가 보이지 않도록 섞으면 ❶의
오렌지 껍질을 넣어 마저 섞고 반죽을
마무리해요.

6. 버터를 발라둔 팬에 완성된 반죽을 담
고 윗면을 고르게 해요.

7. 썰어둔 오렌지의 한쪽 면에만 설탕을
묻히고, 설탕이 묻은 쪽이 위를 향하도
록 오렌지를 올려요. 180℃로 예열한 오븐에
서 40~45분간 구워내고 틀째 충분히 식혔다
꺼내요.

호박고구마찹쌀파이

노오란 호박고구마가 위에도 콕콕, 파이 속에도 콕콕.
재료를 아낌없이 듬뿍 넣고 구워내 호박고구마의 맛이 그대로 살아있답니다.
많이 달지 않아 어르신들도 참 좋아하시고요. 아이들에겐 골라 한개 내어 주면 잘 먹을 거예요.

원형 파이틀 2호 1개 분량

- 고구마 100g
- 달걀 1개
- 설탕 40g
- 버터 20g
- 우유 150g
- 고구마엑기스 1/2작은술
- 건식 찹쌀가루 200g
- 베이킹파우더 1작은술
- 소금 1작은술
- 파이틀에 바를 여분의 버터 약간

180℃ 50분 굽기

♥ 남은 찹쌀파이 보관

찹쌀파이는 시간이 지나면 바삭한 겉은 질겨지고, 쫄깃한 속은 점점 딱딱해져요.
때문에 남은 파이는 한 번 먹을 분량으로 잘라 비닐에 따로 포장해 두고, 먹기 전에 전자렌지에 40초 ~1분 정도 돌려 먹으면 좋아요.

1. 고구마는 껍질을 벗기고 깍뚝썰기해 전자렌지에 4~5분 정도 돌려서 완전히 익혀주고, 익힌 고구마의 절반은 뜨거울 때에 으깨서 체에 내려 곱게 만들어 두어요.

2. 볼에 실온의 달걀을 넣고 풀어주다가 설탕을 더해 섞고, 설탕이 어느 정도 녹으면 전자렌지에 녹인 버터도 흘려 넣으며 고루 섞어요.

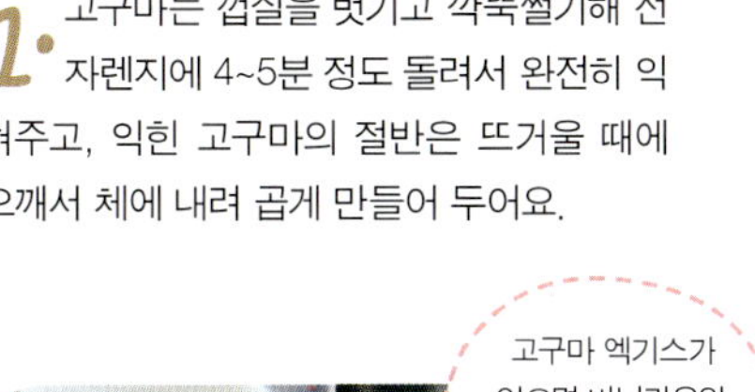

3. 실온의 우유와 고구마엑기스도 더해 계속 섞어줍니다.

4. 여기에 찹쌀가루, 베이킹파우더, 소금을 모두 체에 내려 넣고, 으깨둔 고구마를 더해 주걱으로 섞어요.

5. 날가루가 보이지 않도록 고루 섞였으면 나머지 고구마 조각을 더해 한 번 더 섞어요.

6. 미리 버터를 발라둔 파이틀에 80% 정도 반죽을 채워 담고, 남겨둔 고구마 조각을 위에 올려 장식한 뒤에 180℃로 예열된 오븐에서 50분간 구워 속까지 완전히 익혀내면 완성이에요.

유자찹쌀파이

노오란 속살에 누구나 한번 맛보게 되면
반해버릴 수밖에 없는 유자 찹쌀파이예요.
톡톡 씹히는 맛이 재미있는 무화과와 너무나 잘 어울린답니다.
견과류와 밤, 팥배기까지 마음껏 더해 맛있게 만들어 보세요.

원형 파이틀 2호 1개 분량

• 반죽
☐ 통치자 4개 + 따뜻한 물 200g
☐ 건식 찹쌀가루 200g
☐ 아몬드가루 30g
☐ 소금 1작은술
☐ 베이킹파우더 1/2작은술
☐ 참기름 1큰술
☐ 포도씨유 1큰술
☐ 설탕 40g
☐ 유자청 50g(약 3큰술)

• 속재료
☐ 무화과 6개
☐ 건포도 1큰술
☐ 대추 3개
☐ 호두 8개
☐ 호박씨 2큰술
☐ 조린밤 100g
☐ 팥배기 3큰술

♥ 오븐에서 꺼낸 후에는 식힘망 위에서 20~30분간 충분히 식혔다가 틀에서 꺼내어 주세요. 그래야 모양이 깨지거나 흐트러지지 않아요. 갓 나온 찹쌀파이는 속이 말랑해서 모양이 쉽게 망가질 수 있거든요.

1. 깨끗이 씻은 통치자의 가운데를 살짝 갈라 따뜻한 물 200g에 넣고 노란 빛깔을 충분히 우려내고, 무화과와 건포도는 럼에 담가 미리 불려두어요.

2. 치자물을 우려내는 동안 찹쌀가루와 아몬드가루, 소금, 베이킹파우더를 체에 2~3번 내려줍니다.

3. 체에 내린 가루에 참기름과 포도씨유를 넣고 주걱으로 섞어 몽글몽글하게 만들어요.

4. 우려낸 치자물 200g에 설탕과 유자청을 더해 섞고, ❸에 부어 날가루가 보이지 않도록 주걱으로 고루 반죽해요.

5. 어느 정도 반죽이 섞이면 준비한 견과류들과 밤을 잘라넣고, 팥배기와 럼에 졸여둔 무화과, 건포도도 모두 넣고 섞어 반죽을 마무리해요.

6. 포도씨유를 골고루 발라둔 파이틀에 반죽을 채우고 180℃로 예열된 오븐에서 40분간 구워내요.

럼레이즌크림치즈찹쌀파이

치즈 마니아라면 꼭 한번 만들어 봐야 할 럼레이즌을 곁들인 크림치즈 찹쌀파이랍니다.
부드러운 크림치즈의 필링과 통통하고 향긋한 럼레이즌의 조화, 거기에 고소한 찹쌀파이까지
동서양이 아름답게 조화되는 맛이랄까요?

원형 파이틀 2호 1개
또는 미니 파이틀 10개 분량

• 반죽

- [ ] 건식 찹쌀가루 200g
- [ ] 베이킹파우더 1작은술
- [ ] 소금 1/2작은술
- [ ] 설탕 1큰술
- [ ] 녹인 버터 1큰술
- [ ] 우유 150g

• 필링

- [ ] 럼레이즌(럼에 불린 건포도) 100g
- [ ] 크림치즈 100g
- [ ] 설탕 25g
- [ ] 소금 1g
- [ ] 달걀 1개
- [ ] 화이트와인 25g
- [ ] 전분 1/2작은술
- [ ] 버터 25g

170℃ 40~50분 굽기

♥ **간편하게 럼레이즌 만들기**

건포도는 럼에 충분히 담가 사용해야 맛과 향이
훨씬 좋아져요.
보다 쉽고 빠르게 럼레이즌을 만들려면 건포도
에 럼 또는 와인을 자작하게 부어 10분 정도 두
었다가 랩을 씌운 뒤 전자렌지에 30초간 돌려
사용해요.

1. 건포도는 럼에 자박자박하게 담가 최소
하루 정도 충분히 불렸다가 체에 받쳐
물기를 제거해 두어요.

2. 찹쌀가루와 베이킹파우더, 소금을 섞어
체에 2~3번 내리고 설탕과 녹인 버터,
우유를 모두 더해 반죽해요. 한 덩어리로 뭉
친 후 비닐에 넣어 1시간 동안 냉장고에서 휴
지시켜요.

3. 볼에 실온의 크림치즈를 풀어 주다가
설탕과 소금을 넣어 고루 섞고, 달걀도
조금씩 나누어 더해요.

4. 화이트와인, 물 1작은술에 전분을 풀어
서 더해요.

5. 마지막으로 전자렌지에 미지근하게 녹
인 버터를 넣고 섞어 크림치즈 필링을
마무리해요.

6. 미리 반죽해 두었던 파이지를 기름 바
른 파이틀에 안치고 포크로 바닥에 구
멍을 내요.

7. 럼에 불려 두었던 건포도를 틀의 절반
정도로 채워 담고, 만들어 둔 크림치즈
필링을 80% 정도로 부어주세요.

8. 170℃로 예열된 오븐에서 40~50분간
구워내요.

아몬드 쇼콜라 찹쌀타르트

초콜릿과 아몬드가 만나 달콤하면서도 고소한 타르트예요.
찹쌀타르트 특유의 담백함 때문에 초콜릿파이인데도 불구하고 많이 달지 않아 부담이 없어요.
로맨틱한 초코 러버들에게 꼭 맛보여 주고 싶은 사랑스런 파이랍니다.

원형 파이틀 2호 1개 분량

• 반죽
☐ 건식 찹쌀가루 200g
☐ 베이킹파우더 1작은술
☐ 소금 1/2작은술
☐ 설탕 1큰술
☐ 버터 1큰술
☐ 우유 150g

• 초코 필링
☐ 버터 50g
☐ 슈거파우더 50g
☐ 달걀 노른자 1개
☐ 럼주 1작은술
☐ 바닐라오일 1/4작은술
☐ 아몬드가루 50g
☐ 소금 1g
☐ 슬라이스 아몬드 20g
☐ 다크초콜릿 60g

• 아몬드조림
☐ 버터 20g
☐ 꿀 15g
☐ 생크림 20g
☐ 설탕 15g
☐ 슬라이스 아몬드 50g

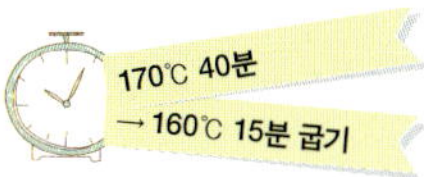

♥ 쇼콜라타르트는 식사 후 디저트로 참 좋아요. 전자렌지를 이용해 따뜻하게 데우고, 차가운 바닐라 아이스크림이나 생크림을 더해주면 근사한 카페식 디저트로 즐길 수 있어요.

1. 찹쌀가루와 베이킹파우더, 소금을 섞어 체에 2~3번 내리고 설탕과 녹인 버터, 우유를 모두 더해 반죽한 뒤, 한 덩어리로 뭉친 반죽을 비닐에 넣어 1시간 동안 냉장고에서 휴지시켜요.

3. 실온의 달걀 노른자를 더해 섞고, 럼주와 바닐라오일도 넣어주세요.

5. 중탕으로 녹인 다크초콜릿을 넣고 고루 섞어 필링을 마무리해요.

7. 반죽을 파이팬보다 조금 크게 밀고 기름 바른 파이팬 위에 안쳐요. 손으로 모양을 다듬어 파이 모양으로 만든 후에 포크로 바닥에 구멍을 내주세요.

2. 볼에 실온의 버터를 크림화하고 슈거파우더를 더해 고루 섞어요.

4. 여기에 아몬드가루와 소금을 체에 내려 섞고, 슬라이스 아몬드도 더해주세요.

6. 소스용 팬에 버터와 꿀, 생크림, 설탕을 넣고, 끓어오르면 슬라이스 아몬드를 넣고 연한 갈색이 되도록 졸여요.

8. 미리 만들어 둔 초코 필링을 채운 뒤, 아몬드 조림을 듬뿍 올려주고, 170℃로 예열된 오븐에서 40분, 다시 160℃로 낮추어 15분간 더 구워 속까지 완전히 익혀요.

딸기크림치즈타르트

딸기에 크림치즈를 더해 만드는 타르트는 모양도 예쁘지만 상큼하면서도 달콤한 맛이 일품이어서
특별한 날 케이크 대신 선물용으로도 딱이에요.
제철에 나는 싱싱한 딸기를 듬뿍 올려서 맛있고 예쁘게 만들어 보세요.

**원형 파이틀 2호 1개
또는 지름 12cm 틀 2개 분량**

• 타르트 시트
- [ ] 버터 50g
- [ ] 슈거파우더 40g
- [ ] 달걀 노른자 1개
- [ ] 바닐라엣센스 1/4작은술
- [ ] 박력쌀가루 120g
- [ ] 아몬드가루 20g
- [ ] 소금 1/4작은술
- [ ] 우유 1/3~1/2큰술

• 치즈크림
- [ ] 크림치즈 150g
- [ ] 설탕 40g
- [ ] 달걀 1개
- [ ] 플레인요거트 50g
- [ ] 생크림 20g
- [ ] 레몬즙 1 큰술
- [ ] 동결건조 딸기파우더 5g

• 토핑
- [ ] 생크림 100g
- [ ] 설탕 10g
- [ ] 딸기 500g
- [ ] 광택제
- [ ] 슈거파우더 1큰술
- [ ] 로즈마리잎 적당량

♥ 살구잼 광택제 만들기
살구잼 100g, 물엿 5g, 물 15g을 냄비에 넣고 끓인 후 체에 걸러서 만들고 완전히 식혀서 사용해요. 또는 시판되는 '미로와' 또는 '사브리모'를 구입해 사용하면 편리해요.

1. p.40의 타르트 시트 만드는 법을 참고해 미리 시트를 굽고 식혀두어요.

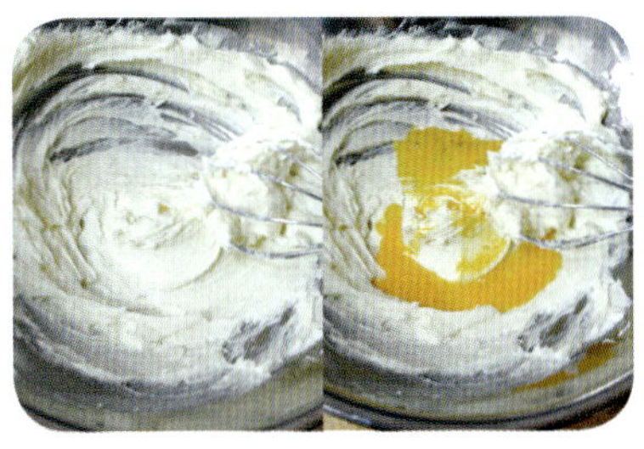

2. 실온의 크림치즈와 설탕을 볼에 섞어 부드럽게 풀어주고, 미리 풀어둔 달걀을 넣어 고루 섞어요.

3. 플레인요거트와 생크림, 레몬즙을 차례로 넣고 섞어주세요. 보다 진한 딸기맛을 위해 동결건조 딸기파우더를 더해 치즈크림을 마무리해요.

4. 미리 구워둔 타르트 시트에 치즈크림을 넘치지 않도록 90% 정도로만 부어주세요.

5. 180℃로 예열된 오븐에 넣어 25~30분간 구워내고 냉장고에서 최소 1시간 정도 충분히 식혀요.

6. 생크림에 설탕을 더해 단단히 휘핑해요.

7. 완전히 식은 타르트 위에 휘핑한 생크림을 고루 펴발라요.

8. 물기를 제거한 딸기를 가장자리부터 층층이 쌓아 올리고 광택제를 발라요. 슈거파우더를 뿌려내고, 냉장고에 넣어 차게 먹도록 해요.

바나나코코넛타르트

바나나에 코코넛크림을 더해서 열대의 달콤한 향기와 부드러운 맛이 특징이예요.
한번 맛을 보면 자꾸만 생각나는 중독성이 아주 강한 타르트랍니다.

**원형 파이틀 2호 1개
또는 지름 12cm 틀 2개 분량**

• 타르트 시트
☐ 버터 50g
☐ 슈거파우더 40g
☐ 달걀 노른자 1개
☐ 바닐라엣센스 1/4작은술
☐ 박력쌀가루 120g
☐ 아몬드가루 20g
☐ 소금 1/4작은술
☐ 우유 1/3~1/2큰술

• 바나나코코넛 크림
☐ 플레인요거트 100g
☐ 설탕 10g
☐ 달걀 1개
☐ 생크림 40g
☐ 코코넛파우더 60g
☐ 바나나 1/2개
☐ 바닐라엣센스 1/2작은술

• 토핑
☐ 생크림 100g
☐ 설탕 10g
☐ 바나나 2~3개
☐ 광택제
☐ 슈거파우더 1큰술
☐ 민트잎

180℃ 25~30분 굽기

♥ 바나나 사이사이에 견과류나 민트잎을 올려
주면 보기에도 좋고 맛도 더욱 좋아져요.

1. p.40의 타르트 시트 만드는 법을 참고
해 미리 시트를 굽고 식혀두어요.

2. 볼에 실온의 플레인요거트와 설탕을 넣
고 거품기로 섞어주세요.

3. 설탕이 어느 정도 녹으면 풀어둔 달걀
1개를 더해 고루 섞은 후, 실온의 생크
림도 더해 주고요.

4. ❸에 코코넛파우더와 잘게 으깬 바나
나 반 개, 바닐라엣센스를 차례대로 넣
고 섞어주어 바나나코코넛 크림을 만들어요.

5. 미리 구워둔 타르트 시트에 바나나코
코넛 크림을 넘치지 않도록 부어 주
세요.

6. 180℃로 예열된 오븐에 넣어 25~30분
간 구워내고 냉장고에서 최소 1시간 정
도 충분히 식혀요.

바나나 크기가
작다면 길게 통으로
올려도 되고요, 비스듬히
썰어서 큼직하게 올려도
괜찮아요.

7. 생크림에 설탕을 더해 단단히 휘핑한
뒤, 완전히 식은 타르트 위에 휘핑한 생
크림을 고루 펴발라요.

8. 바나나 2~3개를 준비해 껍질을 벗겨서
0.7cm 두께로 동그랗게 썰어 타르트의
가장 자리부터 쌓아 올리고 광택제를 발라
요. 완성된 타르트는 냉장고에 넣었다가 차게
해서 먹도록 해요.

완두앙금타르트

크리스마스 시즌이 되면
거리마다 예쁜 트리들이 눈길
을 사로잡는데요.
집에도 트리를 만들어 두고
싶지만 한해 쓰고 넣어 둘
장식품이라 조금은 부담이
되더라고요.
  그래서 먹을 수 있는 트리는
없을까 고민하다가 만들어 본
트리 모양의 앙금 타르트.
먹을 수 있는 예쁜 트리로
올해엔 크리스마스 분위기를
마음껏 느껴보세요.

미니 타르트틀 8개 분량

• 타르트 시트
☐ 버터 50g
☐ 슈거파우더 40g
☐ 달걀 노른자 1개
☐ 바닐라엣센스 1/4작은술
☐ 박력쌀가루 120g
☐ 아몬드가루 20g
☐ 소금 1/4작은술
☐ 우유 1/2~1큰술

• 트리 필링
☐ 백앙금 350g
☐ 코코넛가루 30g
☐ 피칸 20g
☐ 피스타치오 20g
☐ 건조 블루베리 5g
☐ 건포도 5g
☐ 건크랜베리 5g
☐ 완두앙금 400g

• 장식
☐ 장식용 캔디 적당량

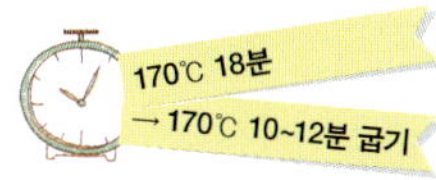
170℃ 18분
→ 170℃ 10~12분 굽기

1. 미리 p.40의 타르트 시트 만들기를 참고해 타르트 반죽을 만들어 미니 타르트를에 같은 방법으로 구워내는 데 시간만 18분으로 줄이면 되어요.

2. 볼에 백앙금에 코코넛가루와 견과류, 건과일을 모두 넣고 고루 섞어요.

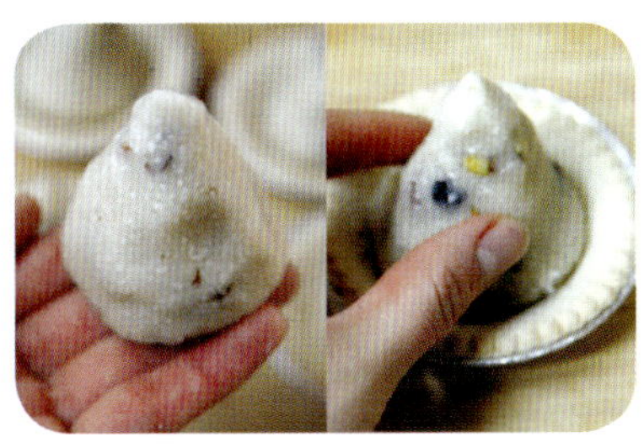

3. 6등분으로 나누어 고깔모자 모양으로 성형하고, 준비해 둔 미니 타르트 시트에 하나씩 올려주세요.

4. 완두앙금을 국자나 수저, 주걱 등을 이용해 체에 내려요.

5. 젓가락으로 ❸의 아랫쪽에서 부터 가만히 올려 트리모양을 만들어요.

6. 170℃로 예열한 오븐에 넣어 10~12분간 구워, 완전히 식기 전에 장식용 캔디로 예쁘게 장식해요.

♥ 쉬폰 케이크 비닐에 하나씩 담아 포장하고요, 빨간 종이끈, 금색 은색 리본으로 각각 리본을 묶어주니 그것만으로도 충분히 크리스마스 느낌이 물씬 풍기는 듯 해요.

PART
06

브런치, 디저트, 잼
brunch, dessert, jam

나른한 주말 아침을 맛있게 깨워줄 브런치와
손쉽게 만들어 먹을 수 있는 달콤한 디저트를 소개해요.
시중에서 흔히 맛볼 수 없는 수제잼들은 예쁘게 포장해 선물하기에도
정말 좋아요.

아침을 깨우는 비타민

사과크레페

매일 아침 사과와 두유를 챙겨먹으면
지금보다 더 예뻐질 수 있으려나요?
예뻐지는 것도 좋지만 매일 먹기는 힘들잖아요.
사과와 두유를 보다 더 맛있게 먹을 수 있는
방법을 소개해 드릴게요.

2인 분량

- · 반죽
- ☐ 달걀 1개
- ☐ 소금 1g
- ☐ 두유 200g
- ☐ 버터 15g
- ☐ 박력쌀가루 90g

- · 사과조림
- ☐ 사과 2개
- ☐ 버터 40g
- ☐ 설탕 20g
- ☐ 계피가루 약간

- · 캐러멜크림
- ☐ 설탕 100g
- ☐ 물 2큰술
- ☐ 생크림 100g

♥ 캐러멜크림은 미리 만들어 두었다가 냉장고에 넣어두고 먹으면 좋아요.

1. 달걀에 소금을 더해 거품기로 고루 풀어주고 두유를 더해 섞어요.

2. 버터는 렌지에 돌려 완전히 녹여 조금씩 부어가며 섞어요.

3. 박력쌀가루를 체에 내려 고루 섞고, 랩을 씌워 냉장고에서 1시간 정도 휴지시켜요.

4. 캐러멜크림 만들기 소스용 팬에 설탕과 물을 넣고 그대로 불에 올려 설탕이 완전히 녹을 때까지 젓지 말고 끓여요.

5. 설탕이 녹아 갈색을 띄기 시작하면 렌지에 따뜻하게 데운 생크림을 조금씩 넣으며 고루 섞어 캐러멜크림을 만들어 두어요.

6. 사과는 껍질을 벗겨 씨를 제거하고 0.5cm 두께로 납작하게 썰어요.

7. 소스용 팬에 버터를 두르고 설탕과 사과를 모두 넣어 사과가 투명해질 때까지 졸여내요.

8. 프라이팬에 버터를 두르고 반죽을 얇게 부어 구워주다가 졸인 사과를 사진처럼 얹어요.

9. 반죽을 2번 접어 부채꼴 모양으로 구워내요. 그릇에 담고 미리 만들어 둔 캐러멜크림과 계피가루를 뿌려 드세요.

고구마크럼블

파이가 먹고플 때 간단히 만들어 먹기에 제격인 고구마 크럼블이예요.
크럼블(crumble)은 주로 달콤한 과일에 소보로 반죽을 얹어 구워내는 것으로
차 문화가 발달한 영국에서 즐겨먹는 디저트 중 하나랍니다.
파이를 반죽할 필요가 없어 간단히 만들 수 있으면서도 영양가는 높고
칼로리는 낮아 맘에 쏙 드는 간식이지요.

2인 분량

• 소보로
- [ ] 버터 35g
- [ ] 땅콩버터 15g
- [ ] 설탕 40g
- [ ] 달걀 노른자 1개
- [ ] 박력쌀가루 80g
- [ ] 소금 1g

• 고구마 필링
- [ ] 고구마 찐 것 400g
- [ ] 사과 1/4쪽
- [ ] 건포도 1큰술
- [ ] 꿀 1큰술
- [ ] 계피가루 1/4작은술

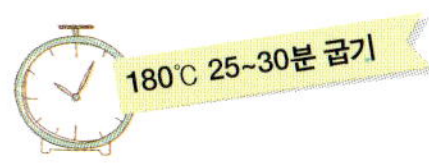
180℃ 25~30분 굽기

♥ **사과크럼블 만들기**

껍질 벗긴 사과를 얇게 슬라이스해서 사과 층층이 계피가루를 덧뿌려가며 틀에 채워 담은 후에 고구마크럼블과 마찬가지로 소보로 반죽을 위에 올려 함께 구워내면 된답니다.

1. 실온의 버터와 땅콩버터를 볼에 넣고 거품기로 잘 풀어주다가 설탕을 넣고 고루 섞어요.

3. 분량의 박력쌀가루와 소금을 체에 내려 더해주고, 주걱을 세워 날가루가 없을 때까지만 고슬하게 섞어요.

5. 미리 쪄서 껍질을 벗기고 으깨어 둔 고구마에 다진 사과와 건포도, 꿀, 계피가루를 넣고 고루 섞어요.

2. 여기에 달걀 노른자를 넣고 계속 섞어주세요.

4. 마지막엔 손끝으로 조물조물 뭉쳐서 소보로 상태가 되도록 만들고, 랩을 덮어 냉장고에 30분~1시간 정도 넣어둬요.

6. 여분의 버터를 발라둔 오븐 용기에 고구마를 3/4 정도 채워담고, 냉장고에 넣어 두었던 소보로 반죽을 고구마 위로 수북히 담아 180℃로 예열된 오븐에 넣어 25~30분간 구워내요.

고구마 퐁듀

소위스에 가지 않고서도 맛있는 퐁듀를 집에서 즐겨볼까요?
고구마를 더해 느끼하지 않고 더욱 고소하고 부드럽게 즐길 수 있어요.
콕콕 찍어먹는 재미가 쏠쏠하고, 두가누가 치즈를 더 길게 늘려먹는지 내기해도 좋아요!

2인 분량

- ☐ 껍질 벗긴 생고구마 100g
- ☐ 생크림 40g
- ☐ 두유 100g
- ☐ 달걀 노른자 1개
- ☐ 크림치즈 20g
- ☐ 피자치즈 30g
- ☐ 파마산 치즈가루 약간
- ☐ 식빵 2장

180℃ 15~20분 굽기

♥ 식빵 만드는 법은 우유식빵(p.188)을 참고하세요. 우유식빵 레시피에서 강력쌀가루 30g을 흑미가루로 대신하면 고구마 퐁듀에 더욱 잘 어울리는 구수한 흑미식빵으로 만들 수 있어요.

1. 껍질 벗긴 고구마를 깍뚝썰기해 전자렌지용 그릇에 담고 랩을 씌워 1분간 돌려 완전히 익혀요.

2. 속까지 잘 익은 고구마를 큰 덩어리 없이 고루 으깨어 주세요.

3. 소스용 팬에 으깬 고구마와 생크림, 두유를 담고 중불에서 서서히 끓여요.

4. 보글보글 끓어오르기 시작하면 불을 끈 상태에서 달걀 노른자와 크림치즈를 넣고, 크림치즈가 덩어리 없이 완전히 녹을 때까지 고루 섞어주세요.

5. 퐁듀 기계에 ❹의 고구마 소스를 모두 옮겨 담고, 피자치즈와 치즈가루를 뿌려주세요.

6. 피자치즈가 녹는 동안 미리 만들어 놓은 식빵을 한입 크기로 잘라내요.

크로크무슈

'크로크'는 바삭거리는, '무슈'는 아저씨라는 뜻으로,
과거 프랑스 노동자들이 샌드위치 도시락을 먹을 때
치즈를 얹고 난로 위에 녹여 따뜻하고 바삭하게 먹은데서 유래되었다고 전해지는 음식이에요.
우리나라에서 사각 철 도시락을 난로 위에 데워 먹었던 것처럼요.
시판 식빵을 사다가 만들어도 좋겠지만, 직접 만든 우유 쌀식빵으로 카페식 브런치를 만들어 보세요.
벨사멜소스도 밀가루 아닌 쌀가루로 더욱 건강하게 즐겨보자구요.

2인 분량

- ☐ 우유식빵 2장
- ☐ 슬라이스햄 4장
- ☐ 슬라이스치즈 2장
- ☐ 모짜렐라치즈 1/2컵
- ☐ 파슬리가루 약간

• 벨사멜소스
- ☐ 버터 1큰술
- ☐ 박력쌀가루 1큰술
- ☐ 우유 180ml
- ☐ 소금 약간
- ☐ 흰후추 약간

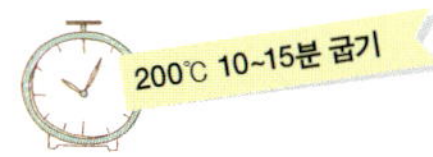
200℃ 10~15분 굽기

♥ 크로크 무슈는 상큼한 이탈리안 드레싱을 곁들인 야채 샐러드와 함께 내면 더 좋아요.

♥ 이탈리안 드레싱 만들기

☐ 다진 토마토 2큰술	☐ 파프리카 30g
☐ 양파 30g	☐ 식초 3큰술
☐ 올리브유 4큰술	☐ 설탕 1큰술
☐ 소금 1/2작은술	☐ 흰후추 약간

❶ 토마토는 끓는 물에 살짝 데쳐 껍질을 제거하고 다져요.
❷ 파프리카와 양파도 잘게 다져 준비해요.
❸ 볼에 식초와 올리브유, 설탕, 소금, 흰후추를 넣고 섞어요.
❹ 여기에 다진 재료를 모두 더해 섞어 완성해요. 바질, 로즈메리 등의 허브나 다진 오이, 피클 등을 첨가해도 좋아요.

1. 소스용 팬에 버터를 녹이고 박력쌀가루 1큰술을 넣어 약불에서 고루 볶아요.

2. 쌀가루가 연한 갈색빛으로 변하면 미지근하게 데워둔 우유를 더해 약불에서 계속 저어가며 끓여요.

3. 소금과 흰후추가루로 간을 맞추고 걸쭉한 수프같은 농도로 끓여 벨사멜소스를 마무리해요.

4. 도톰한 쌀식빵을 2장 준비해 먼저 한장에만 소스를 듬뿍 바르고, 그 위로 햄 2장과 치즈 1장을 순서대로 얹어요.

5. 나머지 식빵 한 장을 위로 얹어 같은 방법으로 소스, 햄2장, 치즈 순으로 얹고, 마지막으로 모짜렐라치즈와 파슬리가루를 뿌려요. 200℃로 예열된 오븐에서 치즈가 노릇노릇해지도록 10~15분 정도 구워내면 완성이예요

단호박피자

저는 주말이면 가족을 위해서 종종 별식을 만들곤 해요. 피자는 반죽을 미리 만들어 냉장고에 넣어두면 언제든지 간편하게 만들어 먹을 수 있는 데다
특히나 피자는 반죽을 미리 만들어 냉장고에 넣어두면 언제든지 간편하게 만들어 먹을 수 있는 데다
쌀가루로 반죽해서 만든 피자는 더욱 담백하고 맛있어서 온가족이 모두 좋아한답니다.
좋아하는 토핑 재료를 마음껏 올려 구운 홈메이드 피자로 맛있는 주말을 맞이해 보세요.

지름 25cm 피자팬 1개 분량

• 반죽
☐ 강력쌀가루 150g
☐ 설탕 15g
☐ 소금 2g
☐ 드라이이스트 2g
☐ 물 90g
☐ 포도씨유 10g

• 소스
☐ 토마토스파게티 소스 40g
☐ 케첩 10g

• 토핑
☐ 피자치즈 100g
☐ 원하는 토핑재료
  (햄, 양파, 파프리카, 양송이버섯 등)
☐ 검은깨 1큰술

• 단호박 무스
☐ 단호박 찐 것 100g
☐ 꿀 3g
☐ 치즈가루 4g

♥ 미리 반죽을 만들어 놓을 때에는 발효 과정까지 마친 후에 비닐에 넣어 냉장고에 보관해 두세요. 토핑 재료도 모두 손질해서 냉장고에 넣어두기만 하면 피자 만들기가 너무나 간편해진답니다.

1. 포도씨유를 제외한 반죽 재료를 모두 섞어 반죽하다가 한덩어리가 되면 포도씨유를 더해 표면이 매끄러워질 때까지 반죽해요. 실온에서 20분간 중간발효한 후 가스를 제거하고 35~40℃의 따뜻한 곳에서 20분간 한 번 더 발효해요.

2. 반죽을 발효하는 동안 토핑 재료를 알맞은 크기로 썰어 준비해요.

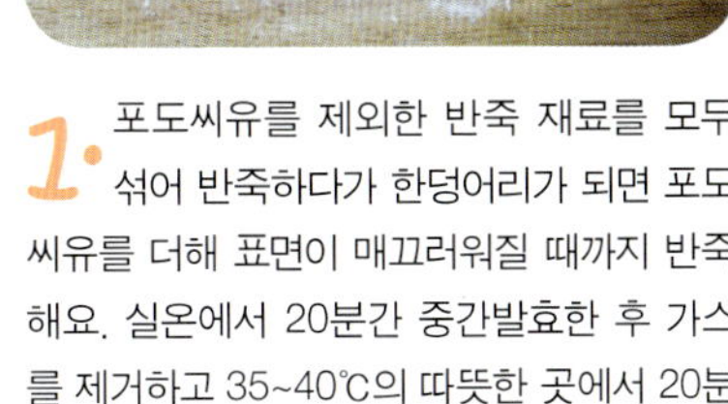

3. 단호박은 껍질을 벗기고 쪄서 뜨거울 때 으깨어 꿀과 치즈가루를 섞어두고 짤주머니에 담아요.

4. 피자소스는 토마토스파게티 소스에 케첩을 더해 섞어 두어요.

5. 발효를 끝낸 반죽을 팬 위에 손으로 넓게 밀어 펴 올리고, 포크로 구멍을 내 속까지 골고루 익혀요.

6. 반죽 안쪽에만 토마토소스를 고루 발라요.

7. 준비한 토핑 재료와 피자치즈를 올리고, 피자치즈 위로 단호박 무스를 짜 올려준 뒤 반죽 가장자리에 검은깨를 뿌려요.

9. 180℃로 예열된 오븐에서 15~20분간 구워내요.

현미빵 포켓 샌드위치

현미로 만든 빵 속에 재료를 채워 넣어 만드는 샌드위치예요.
빵이 얇은 데다 현미를 섞어 반죽해 탄수화물의 섭취를 줄여야 하는 다이어트식으로도 참 좋구요,
샌드위치를 먹는 동안 내용물이 빠져나가지 않아 깔끔하고 예쁘게 먹을 수 있지요.

6개 분량

• 반죽
- 강력쌀가루 150g
- 현미가루 30g
- 드라이이스트 1작은술
- 소금 1/2작은술
- 설탕 1/2작은술
- 물 110g
- 버터 60g

• 샌드위치 속
- 참치캔 大(250g 용량) 1개
- 마요네즈 2큰술
- 머스터드소스 2큰술
- 채썬 양파 1개
- 후추 약간
- 상추
- 깻잎
- 슬라이스치즈 3장

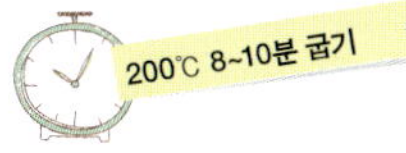

♥ 아이들에게 샌드위치를 만들어 줄 때는 채썬 양파를 물 1/2컵, 식초 1큰술을 섞은 물에 담갔다가 물기를 꼭 짜내고 사용하면 양파의 매운맛은 사라지고 새콤한 맛만 남아 아이들도 잘 먹어요.

1. 강력쌀가루와 현미가루를 섞어 체에 내리고 홈 3개에 드라이이스트, 소금, 설탕을 넣은 뒤 35℃ 정도의 따뜻한 물을 더해 반죽해요.

2. 한덩어리가 되면 실온의 버터를 더해 15분간 치대어 반죽해요.

3. 15분간 실온에 놔뒀다가 다시 치대 공기를 빼고 둥글려요. 랩을 씌워 35℃ 정도의 따뜻한 곳에서 20분간 중간발효해요.

4. 손바닥으로 반죽을 눌러 가스를 제거하고 60g씩 6개로 나누고 다시 둥글려 주세요.

5. 밀대로 반죽이 찢어지지 않도록 주의하며 얇게 밀어요.

6. 밀대로 민 반죽을 쿠키팬 위에 올리고 200℃로 예열한 오븐에서 8~10분간 구워요.

7. 기름을 완전히 뺀 참치캔에 마요네즈와 머스터드, 채썬 양파, 후추 약간을 더해 버무려요.

8. 구워낸 빵은 한김 식혔다가 반원 모양으로 자르고, 속을 갈라 마요네즈나 버터를 조금 발라요.

9. 상추 한 장과 깻잎 1/2장, 슬라이스치즈 1/2장, 참치 속을 채워넣어요.

홈메이드 땅콩잼

레시피가 너무 쉬워서 소개하기
민망한 홈메이드 땅콩잼을
소개해 드릴게요.
재료도 간단하고 만드는 법도 정말
쉽지만, 맛은 사먹는 땅콩버터 보
다 훨씬 더 고소하답니다.
버터가 들어가지 않아 더욱
마음놓고 먹을 수 있어요.

200ml 유리병 1개 분량

☐ 땅콩 200g
☐ 설탕 2큰술
☐ 포도씨유 2큰술
☐ 소금 1/3작은술

♥ 홈메이드 땅콩잼은 밀봉해서 냉장고에 보관하면 보름 정도 두고 드실 수 있어요. 때문에 포장할 때에 제조일자를 적은 라벨지를 부착해 두면 더 좋답니다.
♥ 종이 노끈으로 십자를 묶고 가장자리만 남긴 후 말린 부분을 펴주면 예쁜 꽃 모양으로 포장할 수 있고요.

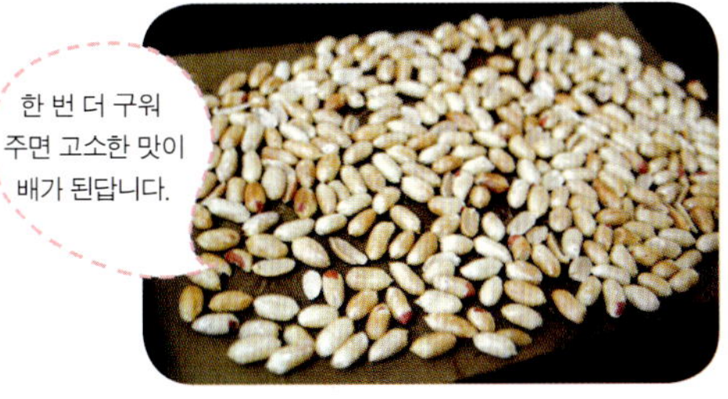

1. 볶은 땅콩은 껍질을 모두 벗기고 마른 팬에 살짝 볶거나 오븐에 한 번 더 살짝 구워내요.

2. 믹서기에 볶아낸 땅콩과 분량의 설탕, 포도씨유, 소금을 모두 넣고 고루 갈아요.

3. 소독한 유리병에 담아 하루 정도 충분히 숙성시켜 주세요.

딸기바나나잼

바나나는 한 송이 사다놓고 먹다 보면 물러서
못먹고 버릴 때가 종종 있는데요,
저는 그럴 때마다 잼으로 만들어 알뜰하게
활용하곤 해요.

200ml 유리병 2개 분량

- [ ] 바나나 300g
- [ ] 딸기파우더 20g + 물 50g
- [ ] 설탕 140g
- [ ] 물 30g
- [ ] 레몬즙 1큰술
- [ ] 화이트초콜릿 50g
- [ ] 럼주 1큰술

♥ 유리병 소독하기

잼은 끓는 물로 잘 소독한 병에 뜨거울 때 담아 진공상태로 만들어 두면 오래도록 보관이 가능하답니다. 잼을 만들기 전에 항상 유리병 먼저 소독해 두세요.

♥ 유리병 소독하는 법

유리병을 깨끗이 씻고 큰 냄비에 물을 충분히 담아 처음부터 병과 뚜껑을 같이 넣고 끓여요.
팔팔 끓인 후 실리콘 장갑을 낀 손으로 병을 꺼내서 깨끗한 면보 위에 거꾸로 뒤집어 식혀요.
(★주의 : 유리병은 갑자기 차가워지면 깨질 수 있어요. 끓인 후에 절대로 차가운 물로 씻지 마세요!)

1. 바나나 껍질을 모두 벗겨내고 고루 으깨어 주세요.

2. 딸기 파우더를 물 50g에 미리 풀어 덩어리 없이 섞어두어요.

3. 냄비에 분량의 으깬 바나나와 딸기 파우더 물에 갠 것, 설탕, 물, 레몬즙을 모두 넣고 약-중불에서 계속 저어가며 20~30분 정도 끓여냅니다.

4. 끓이면서 위에 생기는 하얀 거품은 모두 걷어내야 깨끗한 잼으로 만들 수 있어요.

5. 거품이 더이상 생기지 않게 되면 분량의 화이트초콜릿과 럼주를 넣어주세요.

6. 주걱으로 저어가며 10분 정도 더 끓여내면 완성이에요.

7. 소독해서 완전히 건조시킨 유리병에 뜨거울 때에 부어 담고 뚜껑을 꼭 닫아 뒤집어 진공 상태로 만들어 식히면 보다 오래 먹을 수 있어요.

초코바나나 잼

잼은 틈날 때 만들어 두면
비교적 오래도록 보관이 가능해
선물하기에도 참 좋아요.
시중에서 쉽게 맛볼 수 없는 맛이기 때문에
선물 받는 사람도 더욱 좋아한답니다.

200ml 유리병 2개 분량

- ☐ 바나나 300g
- ☐ 물 70g
- ☐ 설탕 135g
- ☐ 다크초콜릿 75g
- ☐ 계피가루 1/4작은술
- ☐ 럼주 1큰술

♥ 유리병은 유산지를 뚜껑의 지름보다 2~3cm 더 긴 정사각형으로 자르고 뚜껑을 잘 감싸 그대로 끈 하나 묶는 것 만으로도 충분히 예쁘답니다. 종이 태그에 스탬프로 이름을 찍어 이름표도 달아주고요.

1. 바나나 껍질을 모두 벗겨내고 고루 으깨어 주세요.

2. 냄비에 으깬 바나나와 물, 설탕을 넣고 약·중불에서 계속 저어가며 20~30분 정도 끓여요.

3. 끓이면서 위에 생기는 하얀 거품은 모두 걷어내야 깨끗한 잼으로 만들 수 있어요.

4. 거품이 더이상 생기지 않게 되면 분량의 다크초콜릿과 계피가루, 럼주를 넣어주세요.

5. 주걱으로 저어가며 10분 정도 더 끓여내면 완성이예요.

6. 소독해서 완전히 건조시킨 유리병에 뜨거울 때에 부어 담고 뚜껑을 꼭 닫아 뒤집어 진공 상태로 만들어 식히면 보다 오래 먹을 수 있어요.

고구마잼

고구마잼, 드셔보셨어요?
고구마잼은 빵이나 팬케이크, 크래커에 발라 먹어도 부드럽고 달콤한 데다가,
고구마잼은 빵이나 팬케이크, 크래커에 발라 먹어도 부드럽고 달콤한 데다가,
고구마잼은 빵이나 팬케이크, 크래커에 발라 먹어도 정말 맛있답니다.
팥앙금 대신 빵이나 케이크 속에 넣어 먹어도 정말 맛있답니다.
고구마에 사과를 더해 달콤하고 향긋하게 만들어 보아요.

200ml 유리병 2개 분량

- ☐ 통치자 3개
- ☐ 물 1컵 + 물 6컵
- ☐ 사과 1개
- ☐ 고구마 1.5kg
- ☐ 설탕 250g
- ☐ 소금 1/4작은술
- ☐ 계피가루 1작은술

♥ 고구마잼을 냉동실에 얼려두었다가 스푼으로 긁어내면 부드러운 고구마 아이스크림처럼 먹을 수 있어요.

1. 먼저 뜨거운 물 1컵에 통치자를 불려 색을 우려내어요.

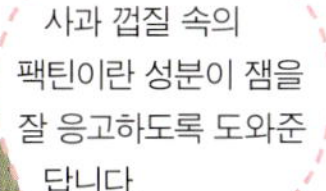
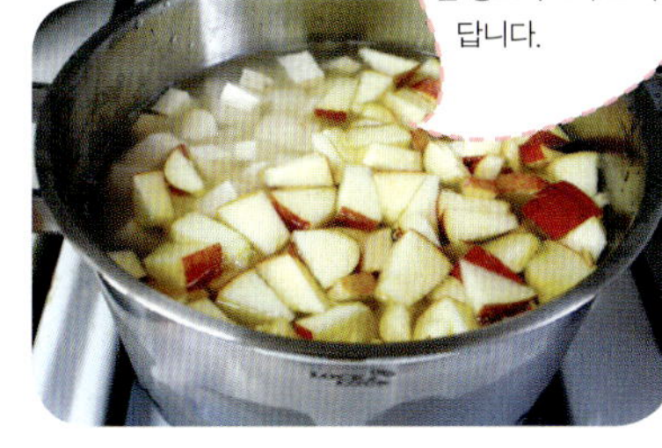

2. 사과는 껍질째, 고구마는 껍질을 벗겨 잘게 토막으로 썰어 넣고, 물 6컵과 함께 잘 눌지 않는 깊은 냄비에 담아요.

3. 여기에 설탕과 소금, 치자 우린 물 1컵을 더해 센불에서 물이 끓을 때까지 끓여주세요.

4. 물이 끓으면 중불로 낮추고 뚜껑을 덮어 푹 익혀줍니다.

5. 고구마와 사과가 익으면 으깨기나 블렌더로 곱게 갈아주며 약불에서 계속 끓여주세요.

6. 끓이면서 생기는 찌꺼기를 제거해 주고, 계피가루를 더해 수분이 없어질 때까지 완전히 졸여내요.

커피밀크스프레드

커피 밀크 스프레드, 일명 커피잼이예요.
유학시절에 맛보았던
독특한 그 맛을 그리워 하다가 만들게 된 잼이지요.
과일잼에 싫증이 난 분들은 커피잼에 도전해 보세요.

200ml 유리병 2개 분량

- [ ] 생크림 400g
- [ ] 우유 450g
- [ ] 설탕 150g
- [ ] 인스턴트 커피믹스 2개
- [ ] 커피액기스 1작은술

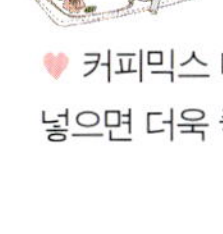

♥ 커피믹스 대신 에스프레소를 직접 추출해 넣으면 더욱 좋아요.

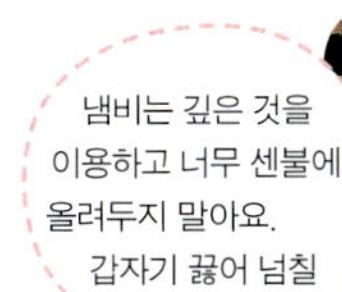

1. 분량의 생크림과 우유, 설탕을 모두 냄비에 담고 중불에 올려 끓여요. 보글보글 끓어오르기 시작하면 약불로 줄이고, 커피 믹스를 넣어 주걱으로 골고루 섞어줍니다.

2. 커피분말이 고루 다 섞였으면 커피액기스를 더해요.

3. 바닥이 눌지 않도록 주걱으로 열심히 저어가며 40~50분 정도 끓여줍니다. 주걱으로 들어 보았을 때 반지르르 윤기가 나면서 뚝뚝 떨어질 때까지 끓여요.

4. 처음보다 양이 1/2~1/3 정도로 줄어들고, 진한 캐러멜색으로 변하면 불에서 내려요.

5. 잼이 뜨거울 때 미리 준비해 둔 병에 잘 담고서 바로 뚜껑을 닫아 거꾸로 뒤집어 식혔다가 냉장고에 보관해요.

흑임자 양갱

쭌득하면서도 달콤한 양갱은 건강 디저트 중 하나예요.
양갱의 주 재료인 한천은 우뭇가사리를 이용해 만드는 것으로,
동물성 단백질인 젤라틴에 비해 칼로리는 거의 없으면서도 식이섬유가 풍부한 다이어트 식품이기 때문이지요.
팥으로 만드는 평범한 양갱에 질렸다면, 흑임자로 고소하고 건강하게 단맛을 줄여서 직접 만들어 보아요.

 **12개 분량**

- ☐ 한천가루 7g
- ☐ 물 200g
- ☐ 설탕 50g
- ☐ 백앙금 50g
- ☐ 두유(달지 않은 맛) 150g
- ☐ 흑임자가루 30g
- ☐ 소금 1g
- ☐ 꿀 2큰술

1. 냄비에 분량의 한천가루와 물을 부어 한 번만 휘~ 섞어 저은 뒤, 그대로 10분 간 불려두어요.

2. 불린 한천을 약불에서 냄비째 그대로 서서히 젓지 말고 끓여 끈끈한 풀처럼 되면, 설탕을 나누어 더하면서 약불에서 계속 끓여요.

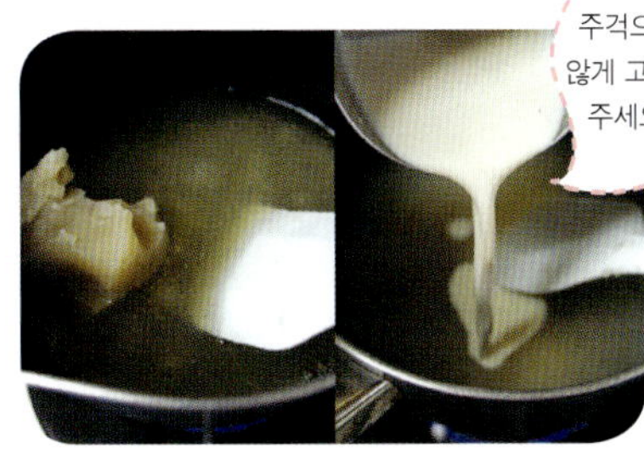

3. 설탕이 어느 정도 녹으면 백앙금도 더 해 약불에서 계속 저어서 뭉침없이 다 풀어지면, 두유를 더해주세요.

4. 흑임자 가루와 소금을 더해서 약불에 서 계속 저어가며 끓여요.

♥ 두유팩을 이용하면 슈퍼에서 파는 양갱처럼 네모납작한 크기의 양갱이 되어요. 여기에 요리 용 한지로 포장하 면 보기에도 좋고 손에 들고 먹기 편하답니다.
네모납작한 양 갱을 만드시려면 위 레시피 양의 1/2만 부어 굳혀 내세요.

5. 마지막으로 꿀을 더해 윤기를 내어주고 1분간 더 끓였다가 불에서 내려요.

6. 불에서 내리자마자 뜨거울 때에 실리콘 틀에 부어주고, 그대로 실온에서 1시간 정도 두어 완전히 굳혀내요.

♥ 두유팩으로 양갱 만들기

❶ 다 먹은 두유팩은 속을 깨끗이 씻어 물기를 제거하고, 윗면만 칼로 잘라내 양갱을 굳힐 틀 을 만들어요.

❷ 끓여낸 양갱을 불에서 내리자마자 준비해 둔 두유팩 틀에 부어주고, 그대로 실온에서 1시 간 정도 두어 완전히 굳혀내요.

❸ 틀을 뒤집어 양갱을 꺼내고 칼로 먹기 좋게 잘라내면 완성이예요.

홍삼양갱

우리나라에서 가장 인기있는 건강 식품 중 하나가 바로 홍삼이지요.
원기회복과 면역력 증진에 좋지만, 홍삼 특유의 쌉쌀한 맛 때문에 못 먹는 분들도 계신데요,
홍삼으로 만든 달콤한 양갱 한조각이면 값비싼 보약도 필요 없을 거예요.

7~9개 분량

- □ 한천가루 7g
- □ 물 200g
- □ 반건조 곶감 2개
- □ 설탕 100g
- □ 살구잼 50g
- □ 홍삼 농축액 2작은술
- □ 소금 1g
- □ 꿀 2큰술

♥ 곶감 대신 홍삼정과를 다져서 넣어주어도 잘 어울린답니다. 설탕에 졸여 낸 밤이나 대추를 더해도 좋고요. 양갱은 취향에 따라, 가지고 있는 재료에 따라, 얼마든지 다양하게 만들 수 있어요.

1. 냄비에 분량의 한천가루와 물을 부어 한 번만 휘저은 뒤, 그대로 10분간 불려 두어요.

2. 한천을 불리는 동안 곶감은 반을 갈라 씨를 제거하고 잘게 썰어두세요.

3. 불린 한천은 냄비째 그대로 불 위에 올려 약불에서 젓지 말고 끓여 끈끈한 풀처럼 되도록 해요. 물이 끈끈해지면 설탕을 나누어 더하면서 눌지 않게 고루 저어가며 약불에서 계속 끓여요.

4. 설탕이 어느 정도 녹으면 살구잼을 넣고 약불에서 계속 저어서 뭉치지 않게 고루 풀어주세요.

5. 홍삼 농축액도 더해주고요.

6. 썰어둔 곶감과 소금을 더해서 약불에서 계속 저어가며 끓여요.

7. 마지막으로 꿀을 더해 윤기를 내주고 1분간 더 끓였다가 불에서 내려요.

8. 불에서 내리자마자 바로 실리콘 틀에 부어주고, 그대로 실온에서 1시간 정도 두어 완전히 굳혀내요.

아몬드 초코볼

달콤한 초콜릿 속에 고소한 아몬드가 통째로
들어있는 아몬드 초코볼은 맛있지만
사 먹으려고 하면 너무 비싸죠.
직접 만들면 과정도 간편한 데다
맛도 훨씬 더 좋은데 말이예요.
평범한 초코볼 대신 콩가루로 고소한 맛을 더해
만들어 보세요.
초콜릿과 아몬드가 콩가루를 만나 한단계
업그레이드 된 맛을 낸답니다.

약 100개 분량

☐ 통아몬드 100g
☐ 설탕 30g
☐ 물 2큰술
☐ 다크초콜릿 100g
☐ 코코아가루 100g

180℃ 5분 굽기

♥ 코코아가루 대신 볶은 콩가루를 묻혀 만들어
보세요. 볶은 콩가루는 가까운 방앗간이나 마트
에서 쉽게 구할 수 있어요.

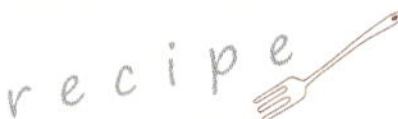

1. 통아몬드를 180℃로 예열한 오븐에 넣
고 5분 정도 구워 주세요.

2. 코팅이 된 냄비에 설탕과 물을 넣어 젓
지 않고 끓이다가 설탕이 녹으면 아몬
드를 넣고 계속 저어가며 졸여내요.

3. 계속 저어가며 졸이다 보면 어느 순간
끈끈하게 달라붙던 아몬드 겉면에 하얀
설탕 결정이 생기면서 서로 떨어지게 되는데,
이때까지 충분히 졸여내도록 주의해야 해요.

4. 설탕 결정이 코팅된 아몬드는 데프론시
트나 유산지를 깔아둔 팬 위에 간격을
띄워 올려서 식혀요.

5. 아몬드가 식는 동안 초콜릿을 중탕으
로 녹여두어요.

6. 녹인 초콜릿의 1/2, 또는 1/3만 부어 아
몬드에 고루 묻혀주세요.

7. 냉장고에 넣어 초콜릿을 굳혔다가 다시
꺼내 초콜릿을 한 번 더 묻히고 냉장고
에 넣어 다시 굳혀요.

8. 코코아가루를 고루 묻혀내고 여분의
가루는 체에 털어내요.

고구마칩

저는 고구마칩을 좋아해서 마트에서도 자주 사먹곤 하는데요,
기름에 튀겨서 만드는 데다 양이 너무 적어서 먹을 때마다 아쉽더라구요.
집에서 오븐에 직접 구워 만들면 담백하면서도 칼로리도 낮아 부담 없이 즐길 수 있는 웰빙 간식이 된답니다.

- [ ] 중간 크기 고구마 2개
- [ ] 버터 2큰술
- [ ] 설탕 2큰술
- [ ] 계피가루 1/2작은술

200℃ 5~10분 굽기

♥ 고구마뿐 아니라 감자나 당근, 사과를 이용해서도 칩을 만들어 보세요.

1. 고구마는 굵기가 고른 것으로 골라 껍질째 깨끗이 씻어서 준비해요.

2. 칼로 고구마의 둥근 모양대로 최대한 얇게 썰어주세요.

3. 볼에 썰어낸 고구마를 담고 물을 부어 10~15분간 담가두어요.

4. 고구마의 전분을 제거하는 동안 버터를 전자렌지에 돌려 대강 녹여주고, 분량의 설탕과 계피가루를 더해 고루 섞어요.

5. 전분을 뺀 고구마는 흐르는 물에 한 번 더 씻어 준비하고, 키친타올로 물기를 완전히 제거해 주어요.

6. 고구마에 버터를 녹여 만든 소스를 부어 골고루 섞어 주세요.

7. 팬 위에 호일이나 데프론시트를 깔고 고구마를 올린 뒤, 200℃로 예열한 오븐에서 5~10분간 바삭하게 구워내요.

오트밀바

출출할 때 간식으로 먹으면 정말 든든한 오트밀바예요.
오븐이 필요 없어 만들기도 참 간편한 오트밀바는, 섬유질이 풍부하고 씹을수록 고소해요.
달콤한 건과일과 견과류는 집에 있는 재료로 마음껏 활용해 보면 좋겠지요?

8~16개 분량

☐ 오트밀 150g
☐ 피칸(또는 호두)분태 40g
☐ 호박씨 20g
☐ 아몬드슬라이스 20g
☐ 건포도 30g
☐ 건크랜베리 20g

• 시럽
☐ 설탕 30g
☐ 물 1큰술
☐ 버터 20g
☐ 꿀 50g
☐ 바닐라엣센스 1/2작은술
☐ 소금 약간

💗 **오트밀바 활용법**
오트밀바를 덩어리지게 부수면 그래놀라가 돼요.
바쁜 아침 요거트나 우유에 곁들여 먹어도 좋아요.

💗 유산지를 오트밀바 보다 조금 큰 정사각형으
로 잘라 마름모꼴로 놓고 끝에서부터 돌돌 말아
사탕처럼 포장하면 하나씩 들고 다니며 먹기도
좋고, 예쁘게 선물할 수도 있어요.

1. 마른 팬에 오트밀을 너무 세지 않은 불로 5~10분간 고루 볶아 준비해요.

2. 볶은 오트밀은 덜어두고, 준비한 견과류도 마른 팬에 넣고 약불에서 타지 않게 고루 볶아요.

3. 볶은 견과류도 다른 곳에 덜어두고, 마른 팬에 설탕과 물을 넣어 젓지 않고 그대로 설탕이 녹도록 끓여요.

4. 시럽이 끓기 시작하면 분량의 버터와 꿀, 바닐라엣센스, 소금을 넣고 버터가 녹도록 조금 더 끓여주세요.

5. 여기에 ❶과 ❷에서 볶아둔 오트밀과 견과류, 준비한 건과일들을 모두 넣고 시럽이 고루 묻도록 버무려요.

6. 유산지나 데프론시트를 깔고 기름을 발라둔 사각틀을 준비해 내용물이 식기 전에 모두 부어 꾹 눌러 담아주세요.

7. 온기가 조금 남아있을 때 칼로 먹기 좋게 잘라내어요.

파프리카 에이드

파프리카에는
여러 가지 비타민과 카로틴, 섬유소,
철분 등의 영양 성분이 풍부하지요.
다른 채소들과는 달리 열을 가하거나
갈아내도 전혀 영양소가 파괴되지 않아서
음료로 만들어 먹으면 정말 좋아요.
예쁜 빛깔만큼이나
상큼하고 시원한 파프리카 에이드로 건강을 마셔보세요.

 **1잔 분량**

- ☐ 파프리카 1개
- ☐ 꿀 2작은술
- ☐ 레몬즙 1작은술
- ☐ 야채음료 100g
- ☐ 탄산수 적당량
- ☐ 얼음

♥ 파프리카에이드는 파프리카 꼭지로 장식하면 예뻐요. 파프리카는 굵지 않고 작은 것으로 준비해 꼭지를 따내고 칼로 가운데 홈을 V자로 파서 컵에 끼워주면 되지요.

1. 파프리카는 깨끗이 씻어 꼭지를 따내고 반을 갈라 씨를 제거해 주세요.

2. 씨를 제거한 파프리카를 잘게 잘라 믹서기에 넣고, 꿀과 레몬즙을 더해 곱게 갈아요.

3. 갈아낸 파프리카를 체에 걸러 컵의 1/4까지 채우고, 야채음료를 컵의 1/2까지 부어주세요.

4. 마시기 전에 탄산수를 붓고 얼음을 띄우면 완성이에요.

37만명의 홈베이커들과
커뮤니케이션 하세요

홈베이킹을 제대로 배울 수 있는 곳
새로운 레시피가 매일 만들어지는 곳 (총 2,072개 등록중)
베프(베이킹프렌드)를 만들 수 있는 곳
베이킹에 대한 궁금함, 지식, 정보를 나누는 곳
당신의 베이킹을 맘껏 뽐낼 수 있는 곳

BAKING SCHOOL since 2006